社長は少しバカがいい。

乱世を生き抜くリーダーの鉄則

鈴木喬

WAVE Pocket Series

WAVE出版

社長は少しバカがいい。

危機だ、危機だって、もっともらしい理屈を並べて、うるさく言う人がいる。
もっと歴史を勉強したほうがいいよ。
長い目で見れば、いいときもあれば、悪いときもある。
悪いときのほうが多いんだ。
それが普通なんだ。
だから、いちいち騒ぐなよ。
ビクビクしたってしょうがない。
大将が元気でニコニコして、
平気な顔してたら、
たいていはうまくいく。

鈴木喬

はじめに

日本が衰退してるって言うけど、本当かな？

僕は必ずしもそうは思わない。

円相場の乱高下、長引くデフレ、少子高齢化……。たしかに、問題は多い。しかし、デフレだって、物価が安定しているという見方もできる。物事を一面的に見て、やたらと悲観するのはどうかと思うよ。

ただ、企業社会に元気がないのは確かだ。

その最大の原因は、社長が社長でなくなったことにある。日本の社長の9割は社長の仕事をしてないような気がする。僕の思い上がりかもしれんけど。

そりゃ、みんな一生懸命やっている。社長には気の毒なくらい真面目な人が多いから、細かいことにまで首を突っ込んでとにかく忙しい。だけど、余計なことばっかりやっている。それでへたばっちゃってるもんだから、アイデアも出ない、決断もできない、覚悟も生まれない。「右に倣《なら》え」みたいな舵《かじ》とりをしているうちにジリ貧になる。そのうち気弱になる。社長が気弱になれば、社員が気弱になるのも当たり前。そら、会社はガタガタになる。

社長は担当者じゃないんだから、過度に一生懸命になっちゃダメだ。その昔言われたのは、英国海軍では、兵隊に塹壕《ざんごう》を掘らせるときに将校は絶対に手伝わないということだ。それは、兵隊のやる仕事だと。そのかわり将校は、雨が降っても傘もささず、レインコートも着ずに立っている。やせ我慢だ。そして、全体を視野に入れながら、大きな指示を出す。この英国海軍の伝統こそリーダーシップだ。

社長は少しさぼってるくらいでちょうどいい。じっくりモノを考える時間をもたないとダメだ。雑事に追われてたら、フラフラになっちまう。社長が一生懸命やり過ぎると、明後日《あさって》の方向に向かって失敗に向かってしまうことになる。会社がどこに向かうか、その「方向」をよく考えなよ。

だいたい、社長がやらなきゃならないことなんてそんなに多くない。ゴールを見極めて、「あっちへ進め！」と旗を振る。事業撤退とか役員交代といった、社長にしかできない決断をする。そのために必要なのは、頭のよさでももっともらしい理論でもない。「ＭＢＡがどうした」とか言ってるが、理論家で成功したヤツなどあまり見かけない。経営は「現実」との取っ組み合いだ。現実とは血の通った生き物だ。理論ごときで太刀打ちできるはずがない。

社長に必要なのは、「運」と「勘」と「度胸」。ドシッとした腹なんだよ。

ところが、ちょっと具合が悪いと騒ぎ出す。「１００年に一度の危機」だとか妙に煽り立てる。人類の歴史を見りゃすぐわかることだ。いつだって「危機」なんだよ。そのなかで、どうするかを考えるのが社長ってもんだ。

僕なんて生まれたときから危機だ。

１９３５年（昭和10年）生まれだから、物心ついたときには戦争だ。小学3年生のときに疎開に出されて、えらいいじめられた。先生もひどかったから、もう学校は相手にしないって学校に行くのをやめた。だから、小学校なんてほとんど通ってない。

中学も新制中学第一回生なので、校舎は旧陸軍の焼けたビルの屋上だった。卒業まで3年間、青空教室。だから僕は、小中7年間、ほとんど正規の教育を受けたことがない。以来、必要に応じて独学と決めている。

疎開先から東京に帰ると、大空襲で、親父がやってた今でいう日用品のディスカウンター、鈴木東京堂は全焼。食うために、親父が仕入れてくる日用品を道路に戸板を敷いて売り子をした。兄たちは兵隊にとられてたから、僕がやるしかない。10歳のときから、生き残るためには何でもやった。当時は、やくざがいちばん食える商売だったくらいひどかったから、今が危機とか言われてもどうもピンとこない。

このとき親父と立て直した鈴木東京堂をもとに、1948年に兄・誠一がつくったのがエステー化学工業㈱（現エステー）だ。疎開先から戻ると母親の嫁入仕度の着物が虫に食われていたから、防虫剤を製造販売することにしたのだ。

僕が大学を出るころには商売を広げていたが、「もっと広い世界で活躍したい」と思い、日本生命保険に入社。向こう意気ばかり強くて人の言うことを聞かない、とんでもない社員だった。それでも、皆にかわいがられて、最後には法人営業部を立ち上げて年間１兆円以上の企業保険契約を受注するなど、大きな仕事もやらせてもらった。そんなわけで性に合わないサラリーマンを30年ほどやってたが、ひょんなことから１９８５年にヒラの部長としてエステーに行くことになった。

間もなくバブルが崩壊して、「つくれば売れる時代」から「つくっても売れない時代」がやってきた。１９９1年に東証一部指定を果たした会社の具合も悪くなっていった。

僕は、「時代が変わったんだから、同じことやってたら危ない」って経営層に進言したけど相手にされない。ところが、一時は７５００円をつけた株価も３６０円台まで下がって、「これは大変だ」となった１９９８年のある日、いきなり「社長になれ」と言われた。どうも、僕は危機に縁があるんだ。

もちろん、思い切って経営の舵を切った。社長になったはいいが、何を言っても役員会で反対されるので、役員を半減したほか、８６０あった商品アイテム数を２８０に減らし、5つあった工場も3つに減らした。抵抗の嵐だったが、変わらなければ生き残れない。筋肉質の会社にしなきゃ潰れてしまう。年間約60の新製品を出していたが、それもひとつに絞り込んだ。経営資源を一点に集中投下するのだ。

博打だ。負けたら危ない。

そこで、僕が考えたのが「消臭ポット」だった。当時の小売の棚には、女性陣が喜びそうなかわいらしい商品がなかったからだ。「新製品をひとつに絞り込むのは危険だ」と、全役員に反対された。だからこそやる。前例にないことをやろうとすれば、必ず反対される。内心は不安だったが、売り出したら大ヒット。年間販売目標1000万個を見事達成した。これで社員からの信頼をかなり獲得した。

それから、「消臭力《しょうしゅうりき》」「脱臭炭《だっしゅうたん》」「米唐番《こめとうばん》」などのヒットが続き、2005年3月期には過去最高の純利益を達成。株価も2350円に回復して、会社は立ち直った。

ところが、なかなかおいしいご飯にはありつけない。安値競争をしかけてくる競合の出現。売上高7兆円のグローバル企業をはじめ世界中の強豪の市場参入。リーマン・ショックはあるわ、東日本大震災はあるわ、危機の連続だ。

だけど、会社にとって危機はときどきあったほうがいい。危機があるから知恵も出る。

計りしれない力も出る。年輪と一緒だ。日照りの年やえらく寒い年には木は育たない。年輪の幅も狭い。だけど、その狭い年輪があるからこそ丈夫な木になっていく。ときどき、40年間増収増益なんて会社を褒めそやす記事を見かけるが、僕はあまり信じてない。

ユニクロのファーストリテイリング柳井正さんが『一勝九敗』（新潮社刊）という本を書いているが、僕なんてそれどころじゃない。失敗ばっかり。なにせ、売上高約500億円のエステーが何兆円ものグローバル企業と戦うのだから、モノマネしても勝てるわけがない。「世にないもの」をつくりだして、スピード勝負で「グローバル・ニッチ・ナンバーワン」を取らなければ勝てない。

だけど、そんなイノベーションなんて滅多にない。新商品は失敗するのが普通だ。突然、夜中にばさっと目が覚めて、「失敗したな」と思うこともあるけど、『『世にないこと』なんて100年に1回くらいしかないや」って笑ってすませる。社員にも「ご愛嬌だよ。そのうち、いいことあるぜ」とか言って、また挑戦させる。いちいち深刻な顔をしてたら、みんな嫌になってしまう。そもそも、「世にないこと」をしでかそうなんて、ずいぶんふざけた話なんだから。

僕は経営者だ。売上、利益、株価を上げることが使命だ。ただし、最終ゴールはそこではない。会社が生き残ることがゴールだ。生き残ればそのうちまたいいこともある。そして、社長がニコニコしてれば、たいていの危機は通り過ぎていく。

もしも、とんでもないことが起こったとしても、もう一回、戦後の焼け野原に戻るだけの話だ。そこから、何度でも始めればいい。会社のひとつやふたつつくってやるよって腹をくくれば力も湧いてくる。経済が悪いだの、国が悪いだの、深刻そうな顔をしてゴチャゴチャ言っててもしょうがない。そんな暇があったら、ホラでも吹いて笑ってたほうがいい。もっと元気を出そう。社長は、少しバカなくらいがいいんだ。

僕も80歳を超えた。120歳まで生きるつもりだから、まだまだ先は長いけど、あんまり日本の企業に元気がないから、ここらで一丁、僕なりの経営者論をぶってみようと思う。断っとくが、利口そうなことは書けない。少しでも参考になればうれしいが、ご意見、ご批判も大歓迎だ。こういうバカな経営者がいたってことでも、記憶してもらえれば本望だ。

鈴木　喬

社長は少しバカがいい。

◉目次

第2章
社長はカッコつけるな。

第3章 社長は「人間」を知りつくせ。

第1章

社長は社長をやれ。

社長は、高く「旗」を掲げろ。

Leadership

01

社長とは「社長業」をやる人

社長とは何か？

よく聞かれるが、決まってる。

社長とは「社長業」をやる人だ。

ところが、「現場主義」などと言いながら、社長業そっちのけであちこち走り回ってる社長さんが多い。もちろん現場主義は大切だが、それと現場の細かいことに首を突っ込むこととは違う。社長は社長であって、現場のことは担当者がやるのが道理だ。社長にしかできないことをやるから社長なんだ。

社長の第一番の仕事は、旗印を明確にすることだ。

会社の基本方針を掲げる。会社が向かう方向を決める。そして、「あっちへ進め！」と社員に号令をかける。いわば、火消しの纏持《まといも》ちみたいなものだ。

纏持ちは一切、消火活動は行わない。ずっと屋根の上に立ち続ける。その間、火の粉が降りかかってくるから、それを振り払うために纏をグルングルン回してる。

仲間の火消したちは、地べたで仕事をしているから周りの状況がよくわからない。頼りになるのは、屋根の上で全体の状況を見ている纏持ちの指示だけだ。

「風向きが変わったぞ！　反対側に回れ！」「右手の火の勢いが強くなった！　そっちへ回れ！」。きっと、こんな指示を出してたんだろう。これは、地べたに下りずに、見晴らしのいいところに立ち続けているからこそできることだ。

仕事で命まではとられない

僕は、これぞ社長業だと思う。

本は初めから読むけど、経営とはゴールから始めるものだ。目標を定めて、そこにたどり着くためにできる限りのことをする。ゴールも決めずに、「目の前」の仕事をいくら積み重ねてもゴールにはたどり着かない。ゴールにたどり着くためには、まず最初にゴールを明示しなければならない。

ところが、これができない社長さんが多い。

言ってみれば、纏持ちがどの家に登ろうか考え込んでるようなものだ。しまいには、

「率先垂範《そっせんすいはん》だ！」なんて言いながら、社員と一緒になって地べたで働き始める。それじゃ、社員はどっちに向かって仕事をしたらいいかわからない。状況変化にも対応できない。現場は混乱するだけだ。

なかには、キョロキョロした挙句、他の組の纏持ちの後ろにくっついて登り始める人もいる。それで、火が燃え移ったらまとめてお陀仏《だぶつ》だ。それでは話にならん。

社長業とは「決断業」だ。

社長は、自らを恃《たの》んで纏を立てなきゃならない。

的はずれなことをしてはまずいが、間違いを怖れてグズグズしているのが一番ダメだ。仕事で命までとられることはない。纏持ちのように命をかけることはないんだから、腹を決めて旗印を明確にすることだ。そして、できる限りのことをやる。その覚悟がないんだったら、社長になるのが間違っている。

過去を全面否定できるのは、社長だけ

僕はエステーの社長になったとき、真っ先に「コンパクトで筋肉質な会社をめざす」という旗印を掲げた。

あのときは、社会全体が火の海だった。エステーも火だるまになりかけていた。バブル崩壊後の1998年だから、日本長期信用銀行、北海道拓殖銀行、山一證券などの金融機関が次々に潰れていったころのことだ。「こいつは何かすごいことが起きてるんじゃないか」って思った。

腹は決まっていた。

経営方針の大転換、過去の全面否定だ。

こんなことができるのは社長しかいない。

社長の武器は「言葉」だ

社長就任演説で、僕は喧嘩を売った。

なぜなら、当時の幹部全員が僕の社長就任に大反対だったからだ。みんな僕と仲良くすると出世が遅れると思ってた。疫病神《やくびょうがみ》みたいなもんだ。「社長になるから頼むぜ」と声をかけたら、「そんなはずないでしょう、ご冗談を」と言った幹部もいた。

僕は日本生命時代から喧嘩ばかりしてたから、喧嘩には慣れている。だいたい、勝負は3日3月《みつき》3年なんだ。3日で言いたいことを全部言っちまって、3カ月以内に全部実行してしまう。そう簡単にケリがつかないときは、じっくり3年かけて攻め落とす。でも、本当は3日じゃ悠長だ。実際には、最初の15分で決まる。

そして、喧嘩は派手なほうがいい。大音量で喧嘩を売ることで、「いつもと違うぞ」と全員の腹に響かせる。

僕は、就任演説で「聖域なき改革をやる」とぶち上げた。

不良資産の売却などによるバランスシート（BS）の健全化、約860もあった商品アイテムの削減、在庫削減、年間約60あった新商品の絞り込み……。「コンパクトで筋肉質な会社」にするためにやることを全部ぶちまけた。最初に言わないと後で言いにくくなるから、言ったもん勝ちだ。そして、こう脅しをかけた。

「俺の目にかなわないヤツは叩き出してやる」

まぁ、叩き出すどころか、日本の社長には解雇権すらない。だけど、社長の武器は言葉だ。先手必勝で、相手の度肝を抜かなきゃ喧嘩には勝てない。それに、ここまで言ったら、もう自分が引っ込みがつかない。だからこそ、思わぬ力も出る。常に、何かやろうと思ったら、大言壮語《たいげんそうご》して自分を角番《かどばん》に追いつめる。

もちろん、こんな演説ひとつで会社が変わるわけじゃない。だけど、これで会社の空気がちょっとはピリッとしたと思う。

僕は負ける喧嘩はしない。

そして、いつだって「勝てる、勝てる、勝てる」と自分に言い聞かせている。だいたい、喧嘩といったって、しょせん会社の小さなコップの中の話だ。たいしたことはない。そう思ってはいたが、背水の陣であることは間違いない。

負ければ、会社が潰れる——。

そんな危機感のなかで、僕はとにかく旗印を派手に掲げたのだ。

社長はバカになって、「本気」を伝えろ。

Leadership
02

「イヤなことをやる」のが社長だ

社長になって、最初はたいへんだった。

なにせ、幹部連中に味方はゼロだったから、役員会で何を提案しても反対される。それまで自分たちがやってきたことを否定されるわけだから当然のことだ。こっちだって辛い。だけど、変わらなければ生き残れない。そして、どん底のときこそ思いきった変革をする絶好のチャンスだ。

ただ、役員連中とまともにぶつかってても埒《らち》が明かない。とにかく時間がない。そこで、僕はひとりずつにこう囁《ささや》いて回った。

「君ね、最近疲れてるようだから、おうちに帰ってしばらく寝ててくれ」

「どのくらい寝てたらいいでしょう」

「3年ほどや。気を楽にしてくれや」

会社を変えるには、「上」を変えるのが定石《じょうせき》だ。居合《いあ》いみたいなもんで、「貫手も見せず」ってヤツだ。もちろん、こんなことやりたくはない。しかし、誰もやりたがらないイヤなことをやるのが社長だ。特に、役員を切れるのは社長しかいないんだから、これができなきゃ社長失格だ。

こうして僕は、当時13人もいた役員を減らしていった。これで、だいぶ抵抗は少なくなった。就任演説の〝脅し〟がウソではないことを示すことで、会社に緊張感も生まれた。

バカになるのも芸のうち

真っ先に手をつけたのが商品アイテムの削減だった。

当時、エステーには約860の商品アイテムがあった。しかし、こんなのはウソッぱちで、市場に流通している商品は3分の1もなかったんじゃないか。パンフレットに載っているだけで、実際には大量の不良在庫が倉庫でホコリをかぶっていたのだ。

それが収益を圧迫するのはもちろん、バランスシートも傷つけていた。不良在庫も資産に計上されるが、それは「見せかけ」の数字に過ぎない。しかし、在庫を処分して実現損を出せば、損益計算書（PL）の見栄えが悪くなる。だから、いつの間にか在庫が増えてしまう。これは、「死」への行進みたいなもんだ。

そこで、僕は全社に大号令をかけた。

「不良在庫は全部捨てろ」

しかし、社内からはすさまじい抵抗を受けた。売れずに不良在庫になっているような商品は在庫量も少ないから、捨てたってたいしたことじゃない。にもかかわらず、誰も捨てようとしない。

なぜか？

責任を問われるのを怖れるからだ。

「誰が、こんな売れない商品をつくったのか？」

「販売したのは誰だ？」

いったん商品を捨てると、こういう責任問題に発展する。誰だって、そんな立場には立ちたくない。

だから、僕はこう言い続けた。

「在庫処分は社長である俺の責任だ。誰の責任も問わない。悪いのは俺なんだ」

それでも、動かない。

しょうがないから、実力行使に出た。

埼玉県熊谷市にある物流センターに、自分で車を運転して乗りつけて、まっすぐ5階に向かった。売れない商品ほど、目に付きにくいように上層階に積んであるからね。

本社から「社長が向かった」という連絡があり、社員が隠れているのはわかっている。物音ひとつしないフロアに、コツコツという僕の靴音だけが響いた。そして、怒声を上げた。

「ふざけるな！　こんなホコリをかぶった商品が売れるか！」

僕は、わめき散らした。ハァハァ息が切れるまでやったよ。社員は息を潜めてジッとしていた。

こんなことを、毎月1回繰り返した。

正直、ひとりで大騒ぎしてると、「俺は、何をバカなことやってんだ」って思うけど、派手なパフォーマンスを演じなきゃ、社長の「本気」を伝えることはできない。こんなときは、バカになりきるしかない。

社長業とは「忍耐業」だ

それにしても、組織とは面白いものだ。

ひとつ減ると、後は早い。少しずつ少しずつ減り始めて、雪だるま式にそのスピードは上がっていく。そして、就任当時に約860あった商品アイテムも、3年後には300を切るまでになった。

おそらく、こういうことだ。

僕は、「責任は問わない」と言い続けてきた。しかし、その言葉を社員は信じることができなかったんだろう。口ではそう言いながら、いざとなれば……。そう思えば、誰だって二の足を踏む。のらりくらりとかわそうとする。そのくらいの処世術がなければ、サラリーマン稼業なんてやってられない。

だけど、ひとりふたりと捨てる社員が出てきて、実際に何のお咎《とが》めもないのを目の当たりにすれば話は別だ。乱暴な社長にどやしつけられるより、さっさと捨てたほうが楽だからだ。だから、「責任は問わない」と言ったからには、社長は絶対にグダグダ言っちゃならない。この信頼感が生まれたとき、物事は一気に動き始めるのだ。

つまり、社員がそう思ってくれるまでは、社長はバカになってパフォーマンスを続けなければならんということだ。

社長業とは「忍耐業」なのだ。

あえて角番に立って、
クソ度胸を出せ。

Leadership
03

ナンバーワンにならなければ、生き残れない

捨てたのは在庫だけじゃない。

新商品も捨てた。それまで、年間約60も出していた新商品をひとつに絞り込んだのだ。

もちろん、非難囂々《ひなんごうごう》だった。

「たったひとつの商品がコケたら、どうするんですか？」

「いくつか新商品がなければ、営業できません」

だけど、僕は頑《がん》として譲らなかった。

これこそエステーが生き残る唯一の道だと考えていたからだ。

「俺たちは甘い夢を見続けてきただけじゃないかと思っております。後がないんです、諸君。ナンバーワンにならなければ生き残れないんです」

僕は、社長就任演説でこう訴えた。

これは、僕の切実な思いだった。

バブルの頃までは、1番手から4番手、5番手まで各社仲良く商売ができた。ぬるま湯に浸かっていられたのだ。しかし、時代は確実に変わろうとしていた。

当時、僕がベンチマークにしていたのは、アメリカやヨーロッパなどの生活雑貨業界の動向だった。欧米が日本より10年くらい先を行っていたからだ。欧米で起きていることが、10年後に日本にも起きる。そういう時代だった。今は、そのタイムラグがなくなってきて、もしかしたら日本がいちばん早いかもしれないが。

世界は戦国時代だ

あのころ、アメリカで何が起きていたか？

小売の集中化だ。それも、一気に起こった。長い間、アメリカにはKマート（現シアーズ・ホールディングス）を筆頭に数多くの小売が共存していたが、田舎町から出てきたウォルマートがあっという間に天下をとった。その安売り攻勢に、Kマートが実質的な倒産に追い込まれ、地元資本のスーパーなどもバタバタと倒れた。そして、ウォルマートは、メーカーに対する強力な価格支配力を手にする。しかも、中国などアジアへの進出も始めていた。

ヨーロッパもそうだ。ユーロができて以降、フランスではカルフールとオーシャンだけで過半数を占めるなど、急速な小売の集中化・寡占《かせん》化が進んでいた。その結果、何が起きたか？　メーカーの選別だ。カテゴリーごとに3〜4社しか生き残れなくなった。巨大市場である洗剤や柔軟剤のカテゴリーでは、P&G、ユニリーバ、ベンキーザーなどにあっという間に収斂《しゅうれん》してしまった。残りの会社は「プライベートブランド屋」になるしかない。

しかも、それ以降も、どんどんどんどん上位に集中していったのだ。

僕は海外メーカーのCEOに友だちが多いから、出かけて行って話を聞いた。すると、イギリスでも、アメリカでも、同じような答えが返ってきた。

「君んところは、セールス何人いるの？」

「5人だよ」

「5人って……、そんなんで仕事になんのかよ」

「だって、小売が5社しかないからさ」

イギリスでも、アメリカでも、こんな調子だ。当時の日本の常識じゃ、考えられないようなことが起きていたのだ。

これはえらいこっちゃ。

焦った。

それまで僕は、「3番手くらいにつけていれば、巻き返しのチャンスがあるかな」なんて甘い考えでいた。しかし、ナンバーワンにならなければ生き残れない。それもグローバル・ナンバーワンじゃないとダメだ。生活雑貨業界に参入規制は一切ない。国境なんてあってなきがごとしだ。しかも、ウォルマートの日本上陸も目前だった。

ボンヤリしてたら、みんなとって食われてしまう。それも、あっという間に。一瞬の気の弛《ゆる》みが命とりになる。

こりゃ、戦国時代だ。

そう思った。

会議をやるから、つまらないものしか生まれない

ところが、当時のエステーは生ぬるかった。

なぜ、新商品が約60もあったか？

開発担当者が60人いたからだ。

「ひとり一品運動」って言うのか、何か商品を出さないとマズイ、クビを切られるんじゃないかというので、間に合わせみたいな商品企画を出す。開発会議なんて、泣き落としの場所だった。しかも、いろんな人間の意見を取り入れようとするから、結局、他社の売れ筋を真似たような無難なモノしか出てこない。マネっこをしていて、ナンバーワンになどなれるものか。

エステーの英語表記は「S.T. Corporation」だ。「ＳＴ」とは鈴木喬の略ではなく、「Super Top」の頭文字だ。「スーパートップをめざす」というくらいだから、もともとはイノベーティブな会社だった。

戦後いち早く和紙包装の防虫剤をつくったことに始まり、芳香剤のシャルダンでエアケア市場を開拓し、１９８０年代にはドライペットで除湿剤市場を創造した。その遺伝子を取り戻すこと。それこそ、戦国時代を生き抜くために絶対に欠かせないことだった。

だから、僕は開発会議を廃止した。

泣き落としなど、絶対に受けつけないとはねつけた。そして、こう宣言した。

「俺が社長だ。俺の好きなようにやる」

乱暴かもしれないが、そのくらいやらないと、とてもではないが会社は変わらない。

お客様の感性に訴える

しかも、そのとき、僕には有望なアイデアがあった。

社長になる前、僕は管理担当常務をやっていたが、普段から開発部門に顔を出すのが好きだった。会議を通すとつまらなくなってしまうが、なかには面白いことをやろうとしている担当者もいる。

「どうだい、元気かね？」

「どんなことやってんだい？」

「それ、面白そうだね」

なんてニコニコ話しかけながら、ビジネスの種になりそうなアイデアを探すのだ。そして、社長就任の直前、あるアイデアに出会った。

当時、各社ともに消臭芳香剤は液体を使用している商品が圧倒的に多かった。ところが、ある担当者がゼリー状の商品の開発に取り組んでいたのだ。

手にとってみると、透明感のあるきれいなゼリーがプルプルと震える。

「こりゃ、かわいいな」

そう、思った。

小売店を見て回るのが趣味の僕は、消臭芳香剤の品揃えは熟知している。当時の店頭には、機能性を重視した堅苦しい容器の商品しかなかった。そこに、「かわいいモノ」を置いたらどうなる？　思わず、女性陣は手にするはずだ。お客様は性能がいいからというだけで買うんじゃない。感性にも訴えるから買ってくれるんだ。

だから、僕は就任してすぐ、

「誰からも支持されるような、かわいらしい商品にしてくれ。発売は、来年の3月や」

とだけ開発部門に伝えて、商品化を急がせた。

「成功体験」を捨てろ

このとき、もうひとつ捨てたものがある。

「成功体験」だ。

成功体験とは怖いもんだ。

これに囚われると命取りになる。当時のエステーがそうだった。

1971年に発売して以来、エアケア市場を開拓してきた芳香剤シャルダンは、防虫剤とともに会社の看板ブランドだった。しかし、この成功体験が経営陣の判断を鈍らせていた。競合がいち早く時代の変化をとらえて、「芳香」から「消臭」へと舵を切るのに完全に後れをとってしまっていたのだ。「シャルダンにすがりたい」という気持ちが、ジリジリと会社を追いつめていたようなもんだ。

だから、僕は思いきってシャルダンというブランドを捨てることにした。そして、新商品は「消臭」を全面に打ち出して、競合と真っ向勝負を挑むことにしたのだ。

そら、正直、不安もあったが、思い切って退路を断たねば、ぬるま湯に浸かっている社員の意識は変えられない。「もしも、新商品で失敗しても、シャルダンがある」。ブランドを捨てるとは、この意識を捨てることだ。劇薬かもしれんが、社員の目の色を変えるには、それくらいのショック療法が必要だと腹をくくった。

博打も博打、大博打だよ。

新商品がコケれば、社長として失格の烙印《らくいん》を押される。それどころか、会社は絶体絶命の危機に瀕する。しかし、生き残るためには、絶対にやらねばならない戦いだ。

角番に立ってこそ、クソ度胸も出る。

度胸のないヤツはだいたい途中で倒れる。度胸のあるヤツしか未来は拓けない。失敗したって、度胸があれば首の皮一枚でつながる――。

そう自分に言い聞かせていた。

経営は歴史に学べ。

Leadership
04

競合が仕掛けた安値競争

新商品をひとつに絞り込む――。

この一世一代の大勝負に、僕は意気込んでいた。

しかし、新任社長とは悲しいものだ。当時63歳だったが、社長としての実績はない。言ってみれば、〝チンピラ社長〟みたいなものだ。「このおっさん、何年物か？」という感じでみんな見る。抵抗勢力だった役員を減らして社内に緊張感は生まれたものの、それだけで権力基盤が固まるほど甘くはない。むしろ、僕が次々と打ち出す改革は社内にかなりの軋轢《あつれき》を生んでいた。「いつ政権交代があってもおかしくない」。同族会社だけに、社員たちがそう考えるのも無理なかった。

だから、なかなか指示どおりに動かない。「右を向け」と言っても、とぼけた顔をしながら左を向いている古株社員もいた。「かわいい商品をつくれ」と言っても、開発の現場はなかなか動かなかった。しょうがないから、現場に手を突っ込まざるをえない。

容器のデザインひとつとっても、素人の僕がデッサンを描いて、「こんな感じの、丸っこい形のかわいいヤツを考えろ」などといちいち示さなければならなかった。

社内で全方位の戦いをやってる最中に、そこまでやってるとさすがに消耗する。なんとか気力で乗り切っていたが、こういうときこそ狙われやすい。

競合企業が、揺さぶりをかけてきた。防虫剤の安値攻勢を仕掛けてきたのだ。

ヒトラーは、挑発に乗ったから負けた

エステーは防虫剤で世界ナンバーワンのシェア。まさに、会社の屋台骨《やたいぼね》だった。それに公然と挑戦してきたのだ。

僕は各種の資料を取り寄せてその会社の財務状況を確認して、愕然《がくぜん》とした。エステーよりも、財務内容が圧倒的によかったからだ。

値下げ競争とは消耗戦だ。最後は、体力のあるほうが勝つ。しかも、相手は非公開企業。赤字の許されない一部上場企業であるエステーよりも、自由な戦い方ができる。

これは、まいったな……。

僕は弱り果てた。

エステーの柱は防虫剤とエアケアだ。エアケアでは、「芳香」から「消臭」にいち早く乗り換えた競合に押されまくっていた。だからこそ、決死の新商品で起死回生《きしかいせい》を狙っていたのだ。この大勝負に出る決断ができたのは、防虫剤の牙城《がじょう》があったからだ。ところが、その牙城までもが攻撃を受けようとしている。しかも、有利なのは敵だ。

明らかに挑発だった。気の短い僕は、思わずそれに乗っていた。

敵の大将に向かって大声を出したりもした。もちろん、そんなハッタリに動じるような相手ではない。会社に行けば、社員相手にホラを吹きまくっていたが、実際のところ不安で不安で夜も眠れなかった。睡眠薬のお世話になるほどだった。日曜日の夜になると、月曜日が来るのが怖かった。

相手の術中にはまりかけていたんだろうな。

追いつめられると、人間は考える。

僕もこのときは、いろんなことを考えた。

特に役に立ったのは、歴史の教訓だ。

たとえば、第二次世界大戦の「バトル・オブ・ブリテン」。

ヒトラー率いるドイツが、チャーチル率いるイギリスに敗れた戦いだ。この後、力の絶頂にいたドイツは、一気に敗北に向かって転げ落ちていくことになる。

なぜ、ドイツは敗れたのか？

チャーチルの挑発にヒトラーが乗ったからだ。

イギリスの航空戦力を殲滅《せんめつ》する——。

ドイツの狙いは戦略的に正しかった。そして、作戦当初は、その狙いどおりイギリスの飛行場やレーダー基地に攻撃を集中させて、イギリスを慌てさせた。

しかし、あるときドイツの爆撃機が目標を誤ってロンドンに爆弾を投下したことが情勢を変えた。イギリス空軍は翌日夜、すかさずベルリンを爆撃して報復を加えた。この挑発にヒトラーは乗った。ドイツは、航空戦力の殲滅から、イギリスの大都市空爆に作戦を変更したのだ。これが、イギリスを助けた。航空戦力の損耗《そんもう》を免れたイギリスは、ドイツの攻勢を耐え抜くことに成功するのだ。

しかも、どういうわけか、ドイツは作戦を二転三転させた。大都市空爆をしているかと思えば、航空施設の攻撃に切り替え、再び都市空爆を始めるなどブレにブレた。一方、イギリスはドイツの挑発に乗ることなく、一貫して航空戦力を守る戦略を貫いた。これも、勝敗を分けた大きなポイントだ。

他にも、挑発に乗って戦争に負けたケースはいくらでもある。そんなことを思い返しているうちに、カッカきてた頭も冷えていった。それに、ビジネスの歴史を振り返っても、価格競争を真に受けた会社はみんなおかしくなってる。これは、世界中どこだって同じだ。

経営とは戦争そのものだ

だから、こう決断した。

安値攻勢を相手にせず——。

こういうとカッコいいけど、実際には、そうする以外になかった。ただ、「挑発には乗らない」と冷静になれたのがよかった。敵は敵。自分は自分。ブレずに、己の道を進めばいいと腹が決まった。僕は、社員を集めてこう檄《げき》を飛ばした。

「俺たちは、価格ではなく価値で勝負する。俺たちにはブランドがあるのだから、100

円高くて当然なんだ。むしろ、こんなときこそ価格を上げるべきだ。そのためにも、今こそブランドをつくらなければならない」

で、どうなったか？

ウチも売上が減って、一時期は大打撃を受けたけど、結局、シェアも変わらず、価格もほとんどそのままだった。やっぱり、無謀なんだ。よっぽど自分のところのコストが安くならない限り、価格競争は続けられない。時間がたてばたつほど、苦しくなる。

おかげさまで、今でもウチの防虫剤が圧倒的にシェアトップだ。

やはり、挑発は「する」ものであって、「乗る」ものではない。それを教えてくれた歴史に感謝している。

僕は、あんまり経営書は読まない。役に立つのは歴史だ。特に、戦争の歴史にはヒントがたくさんつまってる。なぜなら、経営のいちばん凝縮した局面というのは、戦争そのものだからだ。

社長をめざすのなら、歴史を学ぶのがいいと思う。

社長は大ボラを吹け。

Leadership
05

衆知を集めるから、間違える

商品の売上を決めるのはネーミングだ。

だから、衆知を集めて……となりがちだ。

しかし、それが間違っている。

かつて、エステーでも社員が集まって、ああだこうだと議論をしてネーミングを決める会議をやっていた。だから、誰の心にも響かない、無難なネーミングしか生まれない。

なぜか？

会議をやると、どうしても参加者のバランスをとってしまうからだ。

「あの人の意見を無視するわけにはいかない」

「あの人の顔も立てなければ」

などと気をつかって、折衷案《せっちゅうあん》で議論を収めようとしてしまう。

それに、誰だって責任は背負いたくない。「あの人が決めたネーミングで商品が売れなかった」と名指しされないために、予防線を張ろうとする。あるいは、他社の売れ筋商品のネーミングをもじったようなものにする。

それでは、ナンバーワンの商品など生まれはしない。

だから、この会議もやめた。

ゼリー状の消臭剤を使った起死回生の新商品。

エステーと僕の命運をかけた一大プロジェクトだ。これを皮切りに、消臭剤のブランドを築かなければならない。「こればかりは、社員に任せるわけにはいかん」と勝手に思い込んだ僕は、「社長である俺が名前を決める」と宣言した。

考え抜けば、アイデアと出会う

それからは、四六時中考え続けた。

「消臭」という言葉を使うことは決まっている。

だいたい、3音節のネーミングがいいことはわかっている。シンプルで覚えやすいし、力強い。だから、「しょう・しゅう・〇〇」とか「〇〇・しょう・しゅう」とか、あれこれ言葉遊びをした。

この商品のコンセプトは「かわいい」だから、ネーミングもかわいいものでないといけない。カタカナが入ったほうがいいかな？　などと考えながら、とにかく数を出していった。夢の中で考えてるときもあった。

だけど、ひとりで考え続けていると行き詰まってくる。だから、しょっちゅう社員を連れて飲みに行った。そこで、大ボラを吹きまくるんだ。「この商品は絶対に売れるぜ」「俺は、この商品で天下をとる」とか言ってね。それで、思いつくままにアイデアを口にする。

「おい、いい名前を考えたぜ」

「はぁ……」

「迷惑そうな顔するなよ。消臭ゼリーってのはどうだ？　なんか、おいしそうでいいだろ？」

「……社長、食べ物じゃないですから、それはちょっと」

「わかんねぇ野郎だな……じゃ、これはどうだ？」

なんて、ハハハと笑いながら、かけあい漫才みたいなふうにやる。だんだん調子に乗ってきて、それまで思い浮かばなかったようなネーミングも出るようになる。そのうち、酔っ払って何がなんだかわからなくなるが、あるとき突然出会う。

次の朝、目覚めてみると、頭に残ってるネーミングがある。

「ん？　これいいんじゃないか？」

それで、何度も何度も、そのネーミングの感触を心で確かめる。そのうち、腹の底から「これだ！」と思えるものと出会える。

それが、「消臭ポット」という名前だった。

CMは投資である

ともあれ、僕は、ようやく納得できるネーミングに出会った。

「消臭ポット」

この名前に、命運を託すことにした。

いい名前が決まると、商品イメージがよりくっきりと明確になってくる。社内デザイナーと何度もやりとりをしながら、アロマポットのようなかわいらしい曲線を採り入れた容器デザインが出来上がっていった。ゼリー状の消臭剤も急ピッチで開発が進んでいた。

重要なのは、コマーシャル（CM）だ。

効果的なCMをつくって、「消臭ポット」の認知度を一気に高めなければならない。

ここに、新商品をひとつに絞り込む、もうひとつの理由があった。それまで、いくつかの商品に分散していた広告予算約30億円を、その一点に集中的に投下するためだ。

CMは競合企業との戦いではない。CMを流しているすべての企業との戦いだ。月間に4000ものCMが流れるなか、視聴者の記憶に残るのはほんのわずか。そして、記憶に残らなければ、そのCMはなかったのと同然だ。そんな過酷な世界なのだ。

しかも、トヨタ自動車、サントリー、ソフトバンクをはじめ、ウチの何十倍もの莫大な広告予算をフル活用している企業はいくつもある。広告予算として決して多いとはいえない30億円を分散していて、巨大企業のCMに勝てるはずがない。

「CMは投資である」

これは、僕の経営哲学だ。

CMに投資した金額に見合う売上を上げられなければ、いくら作品としてのクオリティが高くても「失敗」とみなす。だから、いつも、CM効果を示すデータと投資額を厳格にチェックしている。そして、費用対効果を上げるためには、視聴者の感性に訴え、記憶に残るものをつくらなければならない。

このとき、僕は一点に絞って指示を出した。

「いいか、孫が俺のところに来て、じいちゃん、こんな歌知ってるかって、〝ポット、ポット、しょう〜しゅう〜〜ポット♪〟と歌う。これをやるんだ」

数週間後、プロがつくった曲が届けられた。

覚えていらっしゃる方もいるかもしれない。

「ポット、ポット、しょ〜しゅ〜〜ポット♪」

楽しく、ウキウキするような曲調。そして、思わず口ずさみたくなるメロディ。これを聞いて、僕は「行ける！」と直感した。

もちろん、売れる保証はどこにもない。だけど、僕は自分の直感を信じた。

社長にとって、最後に頼りになるのは自分の直感なんだ。

「運」と「勘」と「度胸」を磨け。

Leadership
06

最後の最後は、社長の「思い」の強さ

「年間販売目標1000万個」

途方もない目標を掲げたのは1999年2月。「消臭ポット」の発売まであと1カ月を切っていた。

商品サンプルをもって歩いていた営業部隊は、「これは売れる」という感触をもっていた。それでも、やはり怖いという。営業マンが本気で「売れる!」と思い込まなければ、販売目標を達成することなどできはしない。だから、僕は彼らを直接激励した。

「俺が言うのだから、絶対に売れる! 商品力を信じて、死ぬ気で売れ!」

大半の支店営業マンは意気に感じてくれた。なかには半信半疑の営業もいたが、

「今年の新商品はこれしかない。売れなかったら君の販売実績はゼロになるぜ」

となかば恫喝しながら営業させた。

日用雑貨の営業とは、いわば「場所取り」の戦争だ。ポイントは「ヘソ」だ。陳列棚に向かい合わせに立ったときに、「ヘソ」の高さにある棚がいちばん売れる。競合他社もそ

こを取りに来る。その場所にどれだけ広い場所を確保して、商品を並べることができるか。この成否が、商品の売れ行きを大きく左右するのだ。

それまで、店頭の場所取り競争は、「消臭」で先手を打った競合に押されまくっていた。それを跳ね返す好機と、営業マンは勢い込んで注文取りに励んでくれた。

彼らだけには任せておれん。そう思った僕も、全国の販売店を駆け回った。

その間、僕は毎日何万回も自己暗示をかけた。「売れる、売れる、売れる」。仕事で結果を出すために大切なのは、究極のところ熱意に尽きる。どこまで本気で「売れる」と思い込めるか。社長の思いの強さが試されるのだ。

「これは行ける！」

こうして、慌ただしく発売当日を迎えた。

僕はせっかちだ。売れ行きが気になって仕方がない。営業部隊からの報告など待っていられないので、小売店を自ら歩き回って売れ行きをチェックした。一個減っているのを見ただけで、飛び上がりそうになるほどうれしかった。「値段はこのままでいいか？」「こんな販促物をつけたほうがいいかな?」と考えたり、置き場所が悪ければ「ヘソ」のところに置いてほしいと頼み込んだりした。

そして、発売1週間——。

「これは、行ける!」。僕は確信した。店頭での商品の減り方、POSデータ、営業からの報告……。それらすべてが、「売れる商品」の動きを示していたからだ。

生活雑貨の新商品を発売すると、最初はたいていキュッと売上が上がる。おそらく、物珍しさからお買い上げいただけるお客様がいるのだろう。

しかし、その後、ほとんどの商品は売上が落ちていく。ここが正念場だ。そのまま店頭から消えていく商品と、再び売上が伸びる商品とに二分されるからだ。もちろん、後者はほとんどない。「消臭ポット」も発売後3カ月が経過して、いったん売上が落ちた。固唾《かたず》を呑んで、動きを見守った。

僕の確信が裏切られることはなかった。その後、再び売れ始めたのだ。リピーターがついたためで、商品力の高さが証明された瞬間だった。コマーシャルも大ブレイクした。「ポット、ポット、しょう~しゅう~~ポット♪」という歌が流行して、バラエティ番組でも取り上げられるほどだった。

工場ではフル稼働の生産体制を組んでいたが、次第に出荷数に追いつかなくなっていった。「小売から早く納品してくれと矢の催促です」と営業からは悲鳴も聞こえてきた。しかし、日用品は品切れ気味になるくらいがちょうどいいと言われている。注目度が上がるからだ。

博打に勝った者が、「成功者」となる

「消臭ポット」は売れに売れた。1年が過ぎるのもあっという間だった。

そして、僕は大博打に勝っていた。誰もが無謀と見た「年間販売目標1000万個」を、見事に達成したのだ。これで、会社もようやく一息つくことができた。

何よりの収穫は社員が自信を取り戻したことだ。開発部門も、それまでは「どうせダメだろう」と引っ込めていたアイデアを我も我もと提案するようになった。営業部隊も「売る」ことの面白さに目覚めたように、いきいきと動き出した。

社員の僕を見る目も変わった。「このオッサンは言い出したら聞かない。でも、無茶苦

茶言うけど、ついていけばなんとかなるんじゃないか」。そんな空気が生まれたのだ。

「偉大な事業を起こしてみずからを類稀《たぐいまれ》な模範として示すこと以上に、君主の名声を高めるものはない」。これは、マキャベリの『君主論』(岩波文庫、河島英昭訳)の一節だ。まさに、そのとおりだと思う。単に社長という職位に任命されたからといって、「社長」になれるわけではない。周囲を圧倒するような「結果」を出して、はじめて「社長」になれるのだ。

経営には、常に博打の要素がある。どんなに理屈で考えても決断できない選択を迫られることがある。ここで尻尾《しっぽ》を巻いて逃げてるようでは「結果」は出せない。

社長に必要なのは、「運」と「勘」と「度胸」なのだ。

第2章

社長はカッコつけるな。

社長は、きれいごとを言うな。

Leadership
07

生き残るのは甘くない

生き残るというのは、甘いものではない。

ウチの家は、爺さまの代からうんと苦労してきた。

江戸中期から代々、埼玉県の川越のあたりに住んでいた。爺さまのころには、水車製粉をやって結構繁盛していたそうだ。ところが、明治時代になって機械製粉が出てくるとあっという間に潰れた。民事再生法などない時代だから、高利貸しに相当追い込まれたようだ。40歳そこそこだった爺さまは、命からがら東京に逃げた。

ショックで爺さまは病気になって起き上がれなくなったので、当時、15歳だった親父が面倒をみた。そのころ手っ取り早く金になるのは港湾労働者だった。それで金を貯めて、明治神宮のあたりで露天商を始めた。

最初に当てたのは「地図」だった。関東大震災があったときに、東京の白地図をドッサリ買い込んできて、「ここは焼けた」「この道は使えない」などという情報を色鉛筆で書き込んで店に並べた。親戚の安否を確認しに大勢の人が東京にやってきたから、飛ぶように売れたそうだ。

元手がないからアイデア勝負。わが父ながら、たいしたものだと思う。そして、ゼロからはじめて原宿のあたりに「鈴木東京堂」という小さな店を構えた。今で言う、日用雑貨のディスカウンターだ。そのころの親父の夢は、当時飛ぶ鳥を落とす勢いだったライオン石鹸の代理店になることだった。

大真面目な親父だったから24時間操業で働きに働いた。「安売りしすぎだ」とかなんとか、ずいぶんと同業者には叩かれたそうだが、その甲斐あってお店は繁盛していた。

ところが、国が戦争を始めた。

玉音放送のことはよく覚えている。

地主の庭にみんな集まって、大きなラジオの前に並んだ。電波が悪くてよく聞き取れない。「何を話してるんだろう?」。そう思ってると、大人たちが騒ぎ始めた。「勝ったんだ。日本が勝ったんだよ。バンザイ!」。上空を米軍機が飛んでいくのを見たことがあったから、僕は「まさかそんなことはあるまい」と思った。ただ、「もう、これで防空壕を掘らなくていいんだ」とホッとした。

しばらくして、親父から手紙が届いた。東京に帰って来いというから、列車を乗り継いでひとりで帰京した。大空襲で真っ黒焦げになった東京を見てたまげた。建物はおろか、一木一草ない。遮《さえぎ》るものがないからだろう、ものすごい強風がビュービューと吹いていた。親父が苦労して築いた小さなお店も綺麗に焼けていた。あっという間に無一文。親父は50歳を過ぎて、ゼロからの再出発を強いられたのだ。

雨露をしのぐ掘っ立て小屋を建てると、早速、路上に戸板を並べて商売を始めた。親父がどこかから仕入れてきた商品を僕が売る。親父がバイヤーで、僕が売り子だ。小さい子どもが働いているのが不憫《ふびん》に思われたのか、よく売れた。

兄たちは戦争に取られていたから、僕が親父を助けるしかない。なんでもやった。当時、闇米は食べないと言って餓死した判事が話題になった。その生き様は、たしかに立派かもしれない。しかし、きれいごとだけでは食えやしない。家族を養うことはできない。ときに悪知恵も働かさなければ、野垂れ死にだ。

リアリストでなければ、生き残れない。

それが現実だと知った。

道徳主義のカッコよさを捨てろ

このときの経験が、僕の経営者としての原点となっている。

だから、きれいごとは信じないし、きれいごとは言わない。

多くの経営者が『論語』を愛好している。もちろん、「仁」や「義」を尊重するのは大切なことだ。そのように生を全うするのは理想ではあるだろう。しかし、本当にそれだけで経営などできるのか、と皮肉りたくなる。どうも、きれいごとの臭いがするのだ。

僕の座右の書はマキャベリの『君主論』と『韓非子』だ。「権謀術数の書」「人間不信の書」として、世間ではいささか評判が悪いが、リーダーシップについて学ぶには史上最高の本だと思っている。

ここにあるのは、徹底したリアリズムである。自分の胸に手を当てて考えてみればいい。自分を動かす原動力となっているものは「仁」や「義」か？　自分は愚劣でエゴイストではないと言い切れるか？　僕には、そう言い切れる勇気はない。

であれば、社長は「世の実相」「人間の実相」を見据えた手立てをとらなければならない。そうでなければ、結果として「悪」を為してしまう。浮ついた理想論だけで経営をして会社を潰せば、社員を路頭に迷わせ、取引先に迷惑をかけてしまう。それは、組織の長たる人間として許されざることではないか。

いろんな社長を見てきたが、カッコいいことを言ってる社長は危ない。自覚のない偽善者がいちばん怖い。「善いこと」と「悪いこと」がわかっていないから、善人面をしながら平気で「本当に悪いこと」をしでかす。

もちろん、僕にも「夢」や「理想」はある。

それらがなければ、バカバカしくて経営などやっていられない。しかし、それを実現するためには、冷徹なるリアリズムを根底にもたねばならない。リアリストでなくして、「夢」も「理想」も実現できるものか。

もっとも、僕は根が甘ちゃんなところがある。誰かに騙されても、心のなかで許してしまうようなところがある。だからこそ、マキャベリや韓非子を読んで、自分の尻を叩いているのかもしれない。

暴走できるくらいの権力をもて。

民主主義経営、その実態は無責任経営

民主主義——。

戦後、耳にしただけで誰もが「善」と感じる言葉だ。

しかし、僕がエステーの社長になって最初にやったのは、「民主主義」の否定だったのかもしれない。役員数の削減、在庫の一斉処分、新商品の絞り込み、「消臭ポット」の発売……。すべて、全社の反対を押し切って、独裁的に断行した。

社員たちの多くには、僕が暴走しているように見えただろう。実際、僕を見限って退職していく社員も少なくなかった。しかし、僕はそれまでの経営方針を否定するところから始めなければならなかったのだから、従来の価値観に染まった社員にすれば暴走に見えて当然。むしろ、そうでなければならなかった。

そもそも、民主主義では会社は動かない。民主主義と言えば聞こえはいいが、その実態は無責任経営だ。合議、多数決などを隠《かく》れ蓑《みの》にするための民主主義なら、ないほうがよっぽどましだ。実際、民主主義で経営したほうが社長は楽だ。責任をとらなくていいからね。

経営に失敗した社長が、「辞任して責任をとる」と述べることがあるが、どんなもんかな。もちろん、けじめはつけなければならない。しかし、法律上の問題は別にして、辞任すれば責任をとったことになると思ったら大間違いだ。道義的には社長は無限責任を負っている。その覚悟をもったうえで、暴走できるくらいの権力がなければ、社長はいい仕事をすることはできない。

僕は、そう考えている。

革命は、社長にしか起こせない

ナンバーワンになるために欠かせないのがアイデアだ。

アイデア一発で市場は生まれ、市場はひっくり返る。

だいそれた大発明である必要はない。「消臭ポット」も立派なイノベーションだ。液状だった消臭剤をカラフルなゼリー状にする。機能性重視だった市場において、デザイン性を打ち出したパッケージで売り出す。この開発コンセプトは「世にないもの」だった。そのアイデアがお客様の感性に響けば、商品は売れる。そして、僕は、アイデアはそこらじゆうに転がっていると思っている。

問題はここからだ。

実は、アイデアだけではイノベーションは起きない。

そこには、必ず権力がなければならないのだ。

スティーブ・ジョブズを見ればいい。

同じようなアイデアと技術は他の会社ももっていた。しかし、それを最初にカタチにすることができたのはアップルだった。

なぜか？

ジョブズが、典型的な独裁者だったからだ。

イノベーションとは「世にないもの」だ。比較対象できないものが売れるかどうかなんて、誰にもわからない。マーケティングも役に立たない。「世にないもの」を買うかどうか、誰が答えられるというのか。ジョブズも市場調査はやらなかったと思う。商品化してみなければ、海のものとも山のものともわからないのだ。

これは博打だ。

社員があまりにも革命的なことを言ったら、何となく上から押さえられてしまう。アホみたいなことをできるのは社長しかいない。社長が、そのアイデアにとことん思い入れをもって、腹をくくらなければ商品化することはできない。革命は、社長にしか起こせないのだ。

だから、僕は社長とは「チーフ・イノベーター」であると考えている。

独裁にもチームワークは必要だ

社長は孤独ではないか？

よく聞かれる質問だ。しかし、僕は孤独だと思ったことはない。

そら、社長就任直後はそんな時期もあったが、一時の嵐が過ぎればそんなこともない。そもそも、「孤独な決断」というが、社長がひとりで決断する場面というのは、本来そんなに多いわけではない。僕が「こうしたい」と思っても、社員の反論を聞いたり、因果を含めたりしなければ組織は動かない。独裁だからといって、ゴリ押しでは結果は出ないのだ。だから、僕は社員とコミュニケーションをとりながら、自分のペースに巻き込んでいく。独裁というよりは、衆議《しゅうぎ》独裁といったほうがよいかもしれない。

「米唐番」のときのことを話そう。

「服の防虫があるんだから、次は米の防虫だ」と考えて、2003年に発売した商品だ。

おかげさまで、ニッチ市場の開拓に成功し、シェア70％近い商品となっている。

「お〜い、みんな集まれ集まれ」

ある朝、僕は宣伝、広報、マーケティング、研究開発、製造の連中50〜60人を一堂に集めた。そして、こう切り出した。

「いいことを思いついた」

みんな一斉に、「頼むからいいことは考えないでくれ」ってブーイングだ。

「バカヤロー。俺は社長兼チーフ・イノベーターだからな。逆らったら打ち首じゃ」

そうしたら、生意気なことを言いやがる。

「労働法がありますから、打ち首にはなりません」

「お前な、そんな堅いこと言うんじゃねえよ」

こんな感じで「アハハ」と笑い合うと、ＣＭ用につくった歌を口ずさんだ。

「コメがうまいよ、米唐番♪　ムシが来ないよ、米唐番♪　ドンドンヒャラヒャラ、ドンヒャララ～♪」

　みんなポカンとしている。

　そこで一席ぶつ。

「いいか、これが新商品のコンセプトじゃ。洋服の防虫だけじゃもったいない。他に防虫できるもんないかと考えてたら、戦時中疎開してたころのことを思い出した。あのころは銀シャリなんて年に何回かしか食べられない。だから、コメが手に入ったら大騒動だ。おコメを太陽に干す。ピンセットでコクゾウムシをはじき出す。これがいっぱい湧くんだ。あいつだなあいつ。あいつをやっつければいい」

「今どき、コクゾウムシなんて見たことありません」

「じゃ、コクゾウムシをつくっちまえ」

「ムチャクチャ言わないでください」

「そうか、でも大丈夫。もう調べてある。コクゾウムシはいる。それに、温暖化が進んでるだろ？　北海道まで暖かくなってる。コクゾウムシの天国だ」

「どうやって防虫するんですか？」

「おばあちゃんに聞けよ。昔っから、米びつには唐辛子を入れるって決まってる。世界でいちばん強い唐辛子が何か研究しろ」

「だったら、唐辛子を入れれば済むんじゃないですか？」

「この野郎、さっき歌ったろ。『コメがうまいよ、米唐番♪』って。コメがうまくなるんだよ」

「どうやって？」

「だから、おばあちゃんに聞けって。お酒を入れるんだよ、お酒を」

こんなかけあいをやっているうちに、社員たちもそれなりにやる気になってくる。それで、最後にこう締める。

「いいか、唐辛子とアルコールを天然由来のゼリーに混ぜ込む。使い終わったら唐辛子の形になる。そういうモノをつくれ。発売は1年後の春や！」

その後も、社員の話は何度も聞く。反対意見も大歓迎だ。たいてい「聞いたふり」だが、なかには「なるほど」という意見もある。そんなときには、もちろんアイデアに採り入れる。軌道修正もする。こうして、進んでいけば、独裁だからといって孤独ってことはない。独裁にもチームワークが必要なのだ。

暴走を止めるブレーキも仕込む

ただ、そのうち怖くなってきた。

いったん社長として成果が出始めると、権力基盤が強くなりすぎる。社内の抵抗勢力が少なくなってくるのだ。何をやっても「賛成、賛成」。経営はやりやすくなるが、物足りない。というより、本当に会社にとっていいことなのかどうかわからなくなってくる。やっぱり、人間、批判がないと方向感覚に自信がもてなくなってくるのだ。

「こんな状態のままでいたら危ないな」。そう思った僕は、2004年6月に委員会設置会社に移行するとともに、社外取締役を迎え入れることにした。役員候補者を諮る指名委員会、役員報酬をチェックする報酬委員会、監査委員会の3つの委員会を設置して、いずれも社外取締役が過半数を占めるようにした。社長が暴走するぐらいの権力をもちながら、その暴走を止める仕組みも組み込むことにしたのだ。

うるさそうな人にお願いしたから、いろいろとご批判を頂戴した。

「自分も3カ月減棒にするから、おまえも減棒だな」。それまで、僕は一方的に役員の報酬を決めることがあった。それを知った社外取締役に、「他の経営者と比べて、鈴木さんはずいぶん手厳しいですね」とやんわりと叱られた。反省したよ。

役員に引き上げようかと考えている社員を、指名委員会に諮る前に、そうとは知らせずに社外取締役と食事させたこともある。

「彼はどうでした？」

「活気がありますね」

こんな何気ない一言がとても参考になった。おかげで独りよがりな人事を避けることもできるようになったと思う。

社外の声を取り入れることで、独裁にも一定の制約がかかる。うるさく言ってくれる人がいるから、安心して暴走できるってもんだ。

だから、僕は社外取締役にこうお願いしている。

「もう社長はダメだと思ったら、いつでもタオルを放り込んでください」

まず、怖れられろ。
慕われるのは、その後だ。

Leadership
09

社長は舐められたら終わり

「困った、困った」

経営がうまくいかなくて、しきりに嘆いている知り合いの社長に、「会社でどんなことをやってるの?」と尋ねたことがある。

すると、毎晩のように社員と酒を飲んで、肩を組んで軍歌を歌って、「頑張ろう」と気勢を上げているという。

それじゃダメだと言った。

「前の日に肩を組んで『頑張ろう』と言った相手に、次の日は『気が変わった。今日からキミはいらない』と言ってみろ。そのぐらいやったら会社は引き締まるぜ」

社長は、社員に舐められるのがいちばんダメだ。特に、なり立ての社長は社員と酒なんか飲んじゃダメだ。権力基盤が弱いんだから、すぐにつけ上がる。

だいたい、今どきの社長は人間関係に気を遣い過ぎだよ。社員にもいい顔をし過ぎる。一緒に酒飲んで、酌までして勇気づけて。お客さんならいざ知らず、自分のところの社員だよ？　ゴマをすったり、機嫌をとる必要があるものか。アゴで使うくらいの気概がなくてどうする。結局、経営者魂がないんだよ。経営者になるというのは覚悟がいる。組織を引っ張っていくためには、「自分がリーダーである」ということをガツンと示さなければならない。

マキャベリは、こう問いを立てる。

「君主にとっては、愛されるのと怖れられるのとどちらが望ましいであろうか」（『マキャベリ語録』、塩野七生、新潮文庫、92頁）

もちろん、できうることなら双方ともに兼ね備えていたいものだ。しかし、愛されようとすれば部下は付け上がり、怖れられようとすれば愛されない。双方を満たすのは、よほどの芸当だ。マキャベリの答えはこうだ。

「わたしは、愛されるよりも怖れられるほうが、君主にとって安全な選択であると言いたい。なぜなら、人間には、怖れている者よりも愛している者のほうを、容赦なく傷つけるという性向があるからだ」（同書92頁）

もっともだと思う。ただし、社長が慕われている組織のほうが強い。だから、僕の答えはこうだ。まず、怖れられろ。慕われるのは、その後だ。

ただし、憎まれてはならない

ただし、マキャベリはこう警告する。

「君主たる者、たとえ愛される君主像は捨てざるをえないとしても、恨みや憎悪だけは避けねばならない。それでいて、怖れられるよう務めねばならない」（同書92頁）

たしかに、憎しみは復讐心を生む。そして、復讐心は組織を壊す。

では、どうすればいいのか？

マキャベリの答えはこうだ。

「家臣のもちものに手を出すような無法は、しなければよい」（同書93頁）

会社において「もちもの」とは何か？　地位である。だから、人事には気をつけなければならない。

僕自身、日本生命のサラリーマンをやっていたころ、ほんのちょっとの「差」がえらく気になったものだ。この「差」に納得できなければ、人の心には簡単に憎しみが生まれる。
だから、僕は人事部をそばに置かない。

第一の理由は、僕が会社の「顔」であり、「チーフ・イノベーター」であることにある。会社の「顔」をつくる宣伝部と広報部、そして、商品開発を担う開発部をそばに置いている。

もうひとつの理由が、一般社員の人事には触っていないということを目に見えるカタチで示すことにある。一般社員の人事はルールに則って、人事部の責任において行う。社長の仕事は、そのルールが適正かどうか、あるいはルールが適切に運用されているかどうかをチェックすることにある。

もちろん、役員人事は僕が直接手をくだす。この権限は社長自身が握らなければ、権力が揺らぐ。しかし、僕も人間だ。神様のように公正でいられるはずがない。だから、委員会に諮って公正さを担保しているのだ。

ともあれ、人事の扱い方ひとつで社長の命運は決まるといっていいだろう。

しかし、実際には見えないところで大汗をかいている。

社長は、社長にしかできないデカイことをやれ——。

僕は、いつもこんな威勢のいいことを言っているが、実は、それ以上に小さなことが大事だと思っている。

部下が気持ちよく働いているか？　いさかいはないか？　変な空気は漂ってないか？

そんなことに神経を使う。

もしも、うまくいってないところがあれば、「あいつとあいつは相性が悪いから、ちょっと離しておくか」などと、気づかれないように手を打つ。そんな気働きができないと、組織は滑らかに動かない。

「見えないところ」で雑巾がけをする——。

社長の本当の力量は、ここにかかっているんじゃないかかな。

社長は、常に「最悪」を考えろ。

Leadership

10

備えもなしにホラを吹くのは、本物のバカ

僕は用心深い。

悪く言えば、臆病だ。常に、最悪の事態を考えている。

表向きはふざけたことも言ってるが、その裏で「根暗」にあれこれ考えている。

「いくら得する?」より「いくら損する?」

新商品の発売はいつだって博打だ。

特に、最近は小売の集中化が進んでるから〝博打性〟が増している。巨大な卸が命令一下、全店に一気に配達するから、初回の出荷で最低100万個は必要となる。

ウチの配荷先がだいたい20万店だ。主要なところだけでも5万店はある。5万店に10個入れたって50万個。卸の流通センターや社内の物流センターにも在庫をもってないといけない。どんなことをしても100万個はいる。

それに、多く売ろうと思えば、店頭に多くの商品を並べなければならない。日用雑貨と

いうのは店頭にヤマと積まないと購買意欲を感じてもらえない。1フェイスに比べて2フェイスにすると3倍売れるという世界。その場所をとろうと思えば、出荷数を増やさざるを得ない。

当たればデカイ。だけど、えらいリスクだ。

100万個出荷して、失敗したら即返品。全部、不良在庫になる。だいたい85%の損だ。「この新商品は面白い！」と思っても、こんな怖い博打、誰だって判断不能。だから、必ず判断を上へ上へと持ち上げ、最後に僕のところへやってくる。

あらゆるマーケティングを尽くしてつくりこまれた資料を示しながら、「売れ行きの見込み」「期待できる利益率」などを説明してくれる。だけど、僕もさんざん経験してきたからわかる。売れるか売れないかなんて、出してみなければわからん。「世にないもの」であればあるほどわからない。いくらマーケティングをしたところで、誰も未来のことを教えてくれはしないのだ。

だから、僕はこう聞く。

「コケたら、いくら損するんだ？」

まず、最悪の事態を考えるのが、判断の第一歩だからだ。そして、「それ、宣伝費は入ってんのか？」「人件費はどうなんだ？」などと、担当者が示す損失予測を徹底的に叩く。失敗したときのリカバリー策についても検討する。こうして、あらゆる側面からリスクを綿密に算出する。話はそれからだ。

命がけの博打はしない

新商品は失敗するのが普通だ。

もちろん、失敗の確率を下げるのも〝腕〟だが、そればかりでは仕事が縮こまってくる。社員の頭も固まってくる。ヒリヒリするような思いで勝負に出るから、脳みそは活性化する。勝負勘も磨かれる。

ただし、会社の屋台骨が揺らぐような博打をしてはいけない。よく「この新商品に命かけます」と言う社長さんがいるが、命がけの博打は負ける。まぁ、ときにはそうしなければならないときもある。僕だって、「消臭ポット」のときは半ばそんな心境だった。だけど、命がけになると冷静な判断ができなくなる。「負け」を取り返そうとして「大負け」

するようなヘタを打ってしまう。場合によっては命までとられてしまう。

博打で大事なのは平常心だ。クールな頭で、大胆に勝負する。そのためには、負ければ痛いが、命まではとられないという、心の余裕が必要だ。

だから、僕はバランスシート重視型の経営をやっている。

会社にとって最悪の事態とは、会社が潰れることだ。それを、避けることを第一番に考える。ちょっとやそっとの失敗では揺るがないだけの財務基盤を築き上げるのだ。万全の備えをしているからこそ、大胆な博打が打てるというものだ。

そのためには、まず借金をしない。これから先どうなるかはわからないが、これまで僕は無借金経営を続けてきた。僕らの業界のメーカーは、日銭が入ってくるからなかなか潰れないものだ。金が回っている限り、会社が潰れることはない。ただし、銀行が「もう貸さない」と言ったら、その瞬間にグシャッとなる。だから、絶対安全圏にいたいのならば、借金をしないことだ。それができれば、怖いものは何もない。

次に、在庫を最小に抑える。在庫というのは、だいたいインチキだ。不良在庫は資産に計上されるが、その実態は「赤字」の固定化。ＢＳもＰＬも見栄えはよくなるが、何かのきっかけで実現損を出した途端に経営実態が白日のもとに晒される。銀行は一斉に引き上げる。それでお陀仏になった会社はヤマほどある。だから、資産はできるだけ圧縮する。これが基本だ。

もっとも重要なのはキャッシュだ。赤字で会社は潰れない。キャッシュが尽きたときに潰れるのだ。そして、キャッシュを持っていれば、いちばん強い。「キャッシュ・イズ・キング」である。その指標となる自己資本比率は約65％。おかげさまで、エステーの財務内容は極めて健全である。

「最悪」に備えるから、笑っていられる

僕はずいぶんと無茶をしていると思われているようだが、実際には細心の注意を払って会社を経営している。無謀なことはしない。わりと小心者なんだ。だけど、いい経営をしている社長さんを見てると、ほとんどがそうだと思う。後先考えずに博打をやっていたら、会社なんてすぐに潰れてしまう。

ただし、石橋を叩くのが社長の仕事ではない。

頑丈な石橋をつくって、社員に思い切り仕事をさせるのが社長の本筋だ。

だから、リスクを綿密に把握したうえで、許容できる範囲で腹をくくって勝負に出る。

失敗すれば、ＰＬの見栄えは悪くなる。だけど、あくまでＰＬは年度決算。極論すれば、毎年の利益が上がろうが下がろうがたいした問題ではない。大事なのはＢＳだ。これまでの「溜まり」であるＢＳが健全でさえあれば、多少のことで会社が潰れることはない。そして、会社さえ潰れなければ、挽回のチャンスは訪れる。

失敗したからといって、いちいち社員を責めたりもしない。あんまり間抜けなことをしたら怒鳴ることもあるが、社長がしかめっ面してウジウジ言ってたら、みんなイヤになってしまう。士気も下がれば、アイデアも出なくなる。

「ご愛嬌だよ。そのうち、いいことあるぜ」

社長は、そう言ってケラケラ笑ってるくらいがいい。

そのためには、常に「最悪の事態」を考える。

そして、万全の備えをするということだ。

第3章

社長は「人間」を知りつくせ。

社長は「常識」をひっくり返せ。

Leadership
11

「成熟市場」は、アイデア一発でひっくり返る

僕はちびっ子だ。

戦争のおかげで、育ち盛りにろくなものを食べなかった。なんと運の悪いことかと嘆いたこともあるが、何事にも裏表がある。身体の大きいヤツとの戦い方は、小さいころから身体に叩き込んである。これが、今の経営に生きている。

相撲でも、小兵力士が大きな力士をひっくり返すと気持ちいい。胸がすく。経営だって同じだ。筋肉質な身体をつくって頭を使えば、横綱をひっくり返すことはできる。

2000年に発売した「脱臭炭」は、その成功例だ。

今では、冷蔵庫の脱臭剤というニッチ市場で、シェア70%を超える商品となっている。

始まりは「連想ゲーム」だった。

「芳香、消臭と来たら脱臭だな……」

僕はいつも連想で考える。「芳香」「消臭」でお客様の信頼を得ていれば、「脱臭」でも

信頼を得やすい。イメージが生きるのだ。社員だってなじみやすいから知恵も出る。「何かないかな？」と探すうちに、ある日ひらめいた。

冷蔵庫だ。

当時、冷蔵庫の脱臭剤市場は　アメリカ資本のキムコ（現在は小林製薬）やノンスメル（現在は白元アース）でほとんど占められていた。完全に成熟したニッチ市場だった。

「成熟市場」というのは面白い。

なぜなら、「思い込み」があるからだ。当時の脱臭剤は、日本とヨーロッパは「ヤシガラ活性炭」、アメリカは「重曹《じゅうそう》」。これが常識だった。しかも、寡占市場だから慢心がある。

アイデア一発でひっくり返せる可能性がある。

「聞いてわかる、見てわかる、使ってわかる」が、開発ポリシーだ

聞いてわかる、見てわかる、使ってわかる——。

これが、僕の開発ポリシーだ。

ネーミング、パッケージ、CM……。どうすれば、店頭に見えたお客様が、パッと見て聞いて、ピンと来ていただけるかを考え尽くす。研究主導ではなく、ユーザー・オリエンテッド。徹底的にお客様目線で商品イメージをつくっていく。

「脱臭炭」の最大のポイントは、「効果が一目で見てわかる」という点にあった。

僕は開発担当者に聞いた。

「いちばん脱臭効果が高いのは何だ？」

「炭です」

「そうか、じゃ、備長炭を粉末にしてゼリー状にするんだ。冷蔵庫に置いたら少しずつ収縮していって、使い切ったら備長炭になる。落としたらコローンと音がする。備長炭そのものになっちまうようなものをつくれ。名前は脱臭炭じゃ」

「そんな、バカな……」

担当者はあきれたが、

「いいからやってみろ。1年後には商品化できるように進めろ」

とけしかけた。

なぜなら、ここにイノベーションがあると踏んでいたからだ。

日本もヨーロッパもヤシガラ活性炭だ。活性炭は使ったって減りやしない。だから、商品に紙が貼ってあって、使用開始日を記入しなければならない。そして、使用期限が来れば買い換えるというわけだ。そんな面倒くさいことやってられないよね。アメリカに至っては重曹だ。冷蔵庫を買い換えるまで取り替えっこない。

ところが、脱臭炭は効果が「見てわかる」。

冷蔵庫を開ける。おっ、減ってる減ってる。しまいには、備長炭みたいにコチコチになる。面白いよね。それで、買い換えなきゃ、と思っていただける。

メーカーではない、感動創造企業だ

この新鮮な驚きこそが重要だ。

お客様はモノがいいからというだけで買っていただけるわけではない。何か精神的な満足を求めていらっしゃる。それこそが商品の価値だ。「聞いてわかる」「見てわかる」でお客様を創造し、「使ってわかる」でリピーターになっていただく。この無限循環運動こそがビジネスの本質だ。そして、リピーターの方が感じてくださっている「信頼」こそが、ブランドである。

僕は常々、社員にこう言っている。

「エステーはメーカーではない。感動創造企業だ」

モノではなく、感動をつくる――。

それが、エステーなのだ。

「常識」をひっくり返した者が勝つ

数カ月後――。

ビッグニュースが市場を駆け巡った。

国内の競合メーカーが、脱臭剤シェアトップのアメリカ企業の買収をアナウンスしたのだ。

「急げ！」

僕は全軍に大号令を下した。

競合メーカーは販売攻勢をかけてくるに違いない。販売が競合メーカーに切り替わる前に「脱臭炭」を市場に送り込まなければ危ない。しかし、商品化の目処は立っていたが、まだ品質検査が残っていた。これに時間がかかる。

社内はもちろん小売も、「脱臭炭」には大反対だった。

「こんな真っ黒い商品は、冷蔵庫には似合わない」

しかし、僕は歯牙にもかけなかった。「世にないもの」だから反対される。反対されるからこそ価値がある。

「消臭ポット」のときと同じように、社長自ら営業に回った。最初は、なんとかお店に置いてもらうだけでも難儀したものだ。出だしは静かだった。しかし、少しずつ少しずつ売れ出した。この商品は使ってもらってからが強い。リピーターがつき始めると雪だるま式に売れ出した。「絶対に売れない」と断言した小売さんからも矢の催促だ。

売れ出すとマスコミが取り上げてくれる。気がつけば、2000年日経優秀製品・サービス賞の最優秀賞をはじめ、数々の賞を頂戴する大ヒット商品になっていた。

常識ハズレの商品は強い。

ウォークマンにとって代わったｉＰｏｄを見ればわかる。従来の常識をひっくり返せば、市場もひっくり返る。それと同じことが脱臭剤というニッチ市場でも起こった。1年半後に「脱臭炭」はシェア50％を突破。現在では、80％近くまでになった。

ただ、僕は今の状況をあまり歓迎していない。

ひとり勝ちは危険だ。

慢心が生まれる。そして、価値創造を怠るようになる。

いつ何時、ひっくり返されるかわからない。

勝った瞬間に、危機は忍び寄ってくるのだ。

社長は「営業のプロ」であれ。

Leadership
12

年間1兆円以上を売り上げる営業マン

社長は営業のプロじゃないと務まらない。

トップセールスで商品を売るというのもあるが、それ以上に、社長である自分、そして会社を社会に認めてもらうためには、営業ができなきゃならん。社長に営業力があるかどうかで、会社の運命は相当左右されると思うね。

僕は、営業のプロだ。

日本生命時代、上層部を説得して法人営業の専門部隊を立ち上げ、企業保険営業の陣頭指揮をとったことがある。当時、日本生命は個人保険では世界一の保険会社だったが、企業保険は未開拓の領域だった。広大なフロンティアを夢見ていた僕は、そこに切り込んでいったのだ。

はじめての営業経験だったが、思い切った戦略をとった。「トップから攻める」。そう考えた僕は、当時、日本最大の従業員数約8万5000人を誇ったとある大企業の営業に向かった。

めざすは社長へのセールス。しかし、僕は当時40歳、肩書きは課長だ。どうすれば山頂にたどり着けるか、知恵を絞った。まず、応援団をつくるところから手をつけた。営業部や資材部などの担当者と親しくなる。そのうえで、財務担当課長にアプローチ。誰でも、一回は会ってくれる。勝負は二回、三回と会ってもらえるかどうかだ。そのために、工夫に工夫を重ねた。カタチのない保険を売るのだから、とにかく難しい。契約金額が多額にのぼるため、プレッシャーも並大抵のものではなかった。途中で脱落していく同僚もいた。

2~3年は売上ゼロだったが、試行錯誤を重ねながら、部長、役員へと階段を登り、ついに社長にまでたどり着くことに成功した。トップ企業であるその会社で保険契約を勝ち取ると状況は一変。次々と契約がとれるようになった。気がついたら、僕は、年間1兆円以上を売り上げるトップセールスマンになっていた。

「しゃべり上手」で成功するヤツはいない

このときに、営業の真髄を叩き込まれた。

重要なのは、準備だ。これで、ほとんど勝負は決まる。

日生時代には、お客様を訪問する前に、徹底的にその会社のことを研究した。有価証券報告書、新聞・雑誌の記事などを10年分みっちり読み込んで、相手の困ってることを調査するのだ。その会社の社員よりも、その会社のことに詳しくなるくらいじゃないと通用しない。会ってくれる相手のことも、学歴、職歴、家族、趣味などをとことん調べつくす。そして、準備万端整えてから面会に向かう。

営業はしゃべっちゃダメだ。数多くの営業マンに会ってきたが、立て板に水のように話す営業マンで成功している人は見たことがない。なまじ勉強してるヤツがいちばんダメ。「教えてやろう」なんてしゃべり出すからね。勉強は身体に悪いんだ。

相手に気持ちよく話してもらう——。

これが営業の基本だ。そのために大切なのが「質問力」。ここで、準備が生きる。

人間誰しも、誰かに自分の話を聞いてもらいたいと願っている。いい質問とは、「相手の話したいこと」を引き出す質問だ。準備をしていれば、そんなのはワケない。

相手が少しずつ心を開いて話してくれるようになったら、ニコニコしながら相槌を打つ。

「商品」ではなく「人間」を売る

そして、最初の勝負は一言で決まる。

相手が言ってほしいことを言うのだ。

たとえば、こんなことがあった。下調べで、相手が剣道4段であることを知った。面談中、そのほうが業界の問題点について分析を披露したときに、すかさずこう言った。

「さすが剣道4段ですな。きっさき鋭い!」

うれしそうな顔をされて、こっちまでうれしくなった。

それから、顔を輝かせながら話をして離してくれない。長時間にわたってお話を聞かせていただいた。相手の心とのホットラインはこうしてできる。

こうなれば、こっちのペース。営業は、「今日はよい天気で……」なんて寝言を言ってちゃ話にならないってことだ。

人間というものは、自分が気持ちよく話すと、相手に対して「負い目」のようなものを感じるものだ。そこで、頃合いを見計らってもう一言。「ひとつ教えていただきたいんですが」と切り出して、その会社の経営に関する疑問点を質問するのだ。

「なぜ、そんなことを知ってるんだ?」

相手は一瞬、驚く。しかし、「負い目」があるから、「実はね……」と丁寧に教えてくださる。それが、相手の真のニーズを知る糸口になるのはもちろん、「こいつ、やるな!」と印象付けることにも繋がる。ときには、その問題を解決するためのアイデアを提供する。

こうして信頼を得ることができれば、二回、三回と会ってくれるようになるばかりか、上役に「面白い人間がいる」と紹介してくれる。社内の会議に呼ばれて、意見を求められるようにもなる。

「人間」を売ることが、「商品」を売ることに繋がるのだ。

社長は、営業部隊を掌握せよ

こうして磨いた「営業力」が社長業を助けてくれた。

ウチのようなコモディティ商品のメーカーの場合、社長が営業部隊をいかに統率するかが明暗をわける。卸や小売が巨大化した近年は、なおさらだ。なにしろ、相手の価格交渉力が強い。1円1銭をめぐるギリギリの交渉の成否が、経営に響いてくる。営業部隊を厳しい交渉に向かわせるだけのパワーを社長が持たなければならない。社長が営業部隊に舐められてはならんのだ。

「できる営業マン」は、うまく社長を使う。もちろん、社長を動かさなければ会社を動かせないから、そのくらいのウデがないようでは一人前の営業マンとはいえない。問題なのは「使われ方」だ。厳しい交渉の末、相手に有利な条件を飲まざるを得ない状況に陥ることがある。そんなときに、社長を同行させて「わかりました」と言わせるわけだ。社内で問題になっても、「社長がOKなんだからしょうがない」と言い逃れができる。営業部隊は横で連携をするから、こんな情報は口コミで一斉に広がる。「今度の社長は甘いぜ」なんて評判が流れたら、社長はオシマイだ。

だから、社長は営業部隊を心服させなければならない。そのためには、第一に、彼らの度肝を抜くことだ。「とても、自分にはできない」と思うことをやってみせる。

ときどき、僕は営業に「お客様（小売・卸）のところへ連れて行け」と頼む。そういうとき、たいてい営業は、自分を高く売ろうとして、上得意のところに連れて行こうとする。

そこにホイホイついていって、耳に心地いい話を聞かされていい気になってるようでは話にならない。だから、「いちばん厳しいところに連れて行け」と注文する。

そして、その会社と社長のことを徹底的に調べる。日本生命時代以来の経験があるから、簡単なことだ。その上で、まずは営業担当者を呼び出して、質問攻めにする。

「社長の趣味はなんだ？」

「ゴルフです」

「そうか。で、どんな人と行ってるんだ？」

「……」

「お前、そんなことも知らないのか？」

こっちは、そこまで掴んでるから教えてやる。その上で、こうたたみかける。

「お前、本当にその社長と会ってんのか？　儀礼上の訪問になってんじゃゃないのか？　相手の心にパイプが繋がってないんじゃないか？　なんやお前！」

グーの音も出ない。

急所をつかんだら、鷹揚に構える

こうして一発ハッタリをかましたうえで、社長のところへ同行する。

ここからは、いつもの営業だ。社長だからって、カッコいいことを言ってても役には立たない。とにかく、相手の話を聞く。喜んでいただけることを言う。心を開いてもらうのだ。そのためには、何でもする。社員の目の前で、難易度の高い芸当をやってのけるのだ。

あるとき、親分肌の小売の社長のところに同行したときのことだ。なかなかウチの商品を扱っていただけなくて難儀していた。

「ひとつお願いします、社長！」なんて酒を飲んでるときに、酔っ払ったフリをしてこう言った。「胸毛一本ください！」。そして、胸に手を突っ込んで、一本引っこ抜いた。「いやぁ、すいません、酔っ払いました」とか言ってケラケラ笑ってたら、その社長はびっくりしてたけど、ガハガハ笑いながらこう言ってくれた。

「わかった！　そこまでやるか、お前！」もちろん、やり方によっては危ない。だけど、相手を見誤らなければ、一気に相手と心を通わせる方法はいくらでもある。人を見る目、そして度胸と愛嬌だ。ともあれ、難攻不落のお客様を落としたら、営業マンは一発で「参りました」となる。こういうのを、ときどき見せておくんだ。

そして、こうしてつくった得意先の社長とのホットラインが生きてくる。ときどき、情報を寄こしてくれるからね。「おまえんところ、こんなことやってるがうまくいってないぞ」とかね。そうしたら、担当営業を呼びつける。そして、「どうなってんだ？」と問いただして、最後には「アホか！」とやっておけば示しがつく。営業にしたら、「どうして、そんなことまで知ってるんだ？」と不安になって、「これは騙せないな」となる。そして、「今度の社長は危ない」という噂が口コミで広がる。

急所を掴んだら、後はゴチャゴチャ言わない。

ウチの商売は景気はあまり関係ない。影響が大きいのは天気。暖冬だとカイロは売れないからね。だけど、お天道様は人間の言うことなど聞いてはくれない。だから、いつも営業にはこう言っている。

景気より天気、天気より元気、元気より人気——。

社長は、営業部隊が元気に働けるように気働きをすればいい。

数字から「現実」をつかみ出せ。

Leadership
13

社長は自ら数字を読め

経営とは数字だ。

数字で考え、数字で語り、数字で結果が出る。徹頭徹尾、数字である。

数字が正確なのは当たり前。仕事はそれからである。

ところが、これができる人間が少ない。

たとえば財務担当。細かいところまで気にして、きっちりと計算の合う財務書類をつくり上げる。それで、「仕事をした」という顔をして社長のところにもってくる。

そりゃ、正確な書類をつくるのは大事なことだ。だけど、本当の仕事はその先にある。でき上がった数字から「問題」を見つけ出して、改善策を提示する。あるいは、「何が問題か」を議論するための基礎資料をつくる。そこまでやれなきゃ、単なる「ソロバン屋」と変わらない。僕も、かつて部下を叱ったことがある。

「お前、もうちょっとな、俺が怒鳴ったところの数字だけ出すんじゃなくて、怒鳴る前から〝ここが問題だ〟ってもってこれないのか？　これじゃ、ＣＦＯ（最高財務責任者）とは言えないよ」

要するに、「報告」が仕事になっちまってるんだ。「財務会計」が頭から抜けないんだよ。税務署や証券取引所に報告するために、間違いのない書類をつくることが第一義になってるから、数字が読めない。いや、「読もう」とする動機がそもそもない。

経営にとって大事なのは「管理会計」だ。経営状況を診断し、危機を察知し、対応策を考える。そのために、知恵を絞るのがＣＦＯだ。彼らは、「報告」のためではなく、「考える」ために数字を扱っている。

正しく計算できるから、数字に強いというわけではない。数字から「現実に起きていること」を読む力があることを、「数字に強い」というんだ。ここを勘違いしては、話にならない。

そんなわけだから、社長自ら数字から「現実」を読まなければならない。

いや、もしも、社内にＣＦＯがいたとしたら、余計に社長自らチェックする必要があるだろう。なぜなら、「何が現実か？」を見極めることが、すべての判断の出発点にあるからだ。現実の見極めを誰かに完全に委ねるとは、社長がくだすべき判断を委ねるに等しい。

それは、社長の実権を譲り渡すということにほかならない。

ＣＦＯが読み解いた「現実」と、社長が読み解いた「現実」を戦わせることで、より精度高く「現実」を見極めることに意味があるのだ。

ビジネスは「勘」の勝負だ

数字とにらめっこをしてたって「現実」は見えてこない。

数字とは、立体的に見なければ読み解くことができない。そのためには、現場を知ることだ。僕は心配性で売れ行きが気になるから、毎日のように店頭を見て回る。商品の減り方はもちろん、「什器は効果的か？」「ライバルの値段は？」「置き場所はどうだ？」などと自分の目で確認する。在庫状況も気になるから、定期的に物流センターまで出かけて行ってチェックする。

お昼には営業マンと一緒にご飯を食べる。それで、「どうだい、あの商品の売れ行きは？」などとたずねる。「売れてますよ」と口では言っても、目は輝いていないこともある。そんな情報をどんどん頭に入れていくのだ。そのうえで、ＰＯＳデータ、営業報告書、月次決算などの数字と向き合う。そうすると、数字が立体的に見えてくる。

たとえば、ある商品について、順調に出荷が進み、「よく売れている」というデータが示されたとする。たしかに、社内在庫も少ない。「増産すべし」という意見も出始めるが、どうも腑に落ちない。僕が定点観測している店頭での「売れ行き感」と合致しない。「そういえば、あの営業マンももうひとつの反応だったな」などとフッと思い出す。POSデータも動いてはいるが、出荷数に見合うほどの強い動きとも思えない。危険なサインだ。

何が起きてるんだ？　もしかしたら、中間流通業者の倉庫にたんまり在庫があるのかもしれない。あるいは、小売のバックヤードにたまっているのかもしれない。この事実を確認しないまま、増産に踏み切れば大火傷を負う可能性がある……。

こんなふうに数字を読み解いていくわけだが、これは相当「勘」の部分がモノを言う。科学的にやろうとする人もいるけど、最後の最後は「勘」だよ。理屈じゃないんだ。「土地勘」みたいなもんだ。はじめて行った町では道に迷う。だけど、何度も通ううちになんとなくわかってくる。そのうち、「この先の角を曲がれば、あそこに出るな」なんてことがパッとわかるようになる。これに近い感覚だよ。

現場に親しみながら、数字と向き合う。そして、「いま何が起きているか」を推測する。はずれることもある。そうしたら、「なんで、はずれたかな?」と考える。こんなことを繰り返すうちに、わかってくる。言葉では説明しつくせない「勘」が磨かれるのだ。

僕は別に、「勘」を磨くために、現場を見て回ってるつもりはない。気になるし、楽しいからやってるんだけど、それが結果として「勘」を磨いてくれたんだろうな。

ビジネスでは、この「勘」がきわめて重要だ。

「そのウソ、ホント?」

これは、僕の口グセだ。

社員はたいてい、自分の持ち場に都合のよい数字を示す。だが、僕の「勘」は危険サインを出す。そこで、この言葉だ。詳しく検証すれば「ウソ」とわかる。社員が「ホント」だと思ったときに、この言葉を思い出して、もう一段深く考えるきっかけにしてほしいと願っている。

30分でイカサマは見破れる

社長は財務諸表が読めなきゃダメだといわれるが、「勘」をつかめば簡単なことだ。

僕の場合は、月次決算を24カ月分ほどザーッと並べて、時系列で追っていく。メーカーであれば、「売上」と「在庫」に注目する。売上が上がって、在庫も増えてるのはまぁいい。しかし、売上が下がってるのに、在庫が増えていれば要注意だ。不良在庫が積みあがってる可能性が高い。しかも、それで利益が出ていたら、粉飾を疑うべきだ。期末に月次の売上が異常に増えてるのもあやしい。期末に卸に押し込んでるのかもしれないし、帳簿を操作しているのかもしれない。チョロマカシの方法がわかっていれば、数字を見ているだけでも「勘」が働く。

「危険なサイン」を見つけたら実態調査をする。

ほとんど間違えることはないね。

エステーの米国子会社だったエクセル社の粉飾も、そうやって見破った。

エクセル社を買収したのは1989年のこと。当時、シェア15%をもつアメリカ第2位の防虫剤販売会社だった。金融機関が買収を持ちかけてきたのだが、正直、良い話なのか悪い話なのか判断がつかなかった。ただ、時代はバブル。金余りに円高、それ行けドンドンの風潮のなかで、その話を見送ることができなかったのだ。

買収前のアメリカ人社長をそのまま留任させるとともに、元商社マンの日本人をスカウトして会長に据えた。エステーからも数人の社員を派遣して、月に一回、業務報告書を送らせていた。

「ライバル会社が安売りを仕掛けて市場が混乱しているが、経営は順調です」

報告書には、そう書かれていた。

しかし、当時、財務担当役員だった僕の目には、とてもそうは見えなかった。月次決算を並べて、数字を時系列で追えば30分でわかることだ。売上が下がって在庫が積みあがっているのに、利益は出ている。典型的な粉飾ケースだ。

「こいつら、グルになって八百長をやってやがる」

そう確信していた。

ところが、「現地調査をさせてほしい」と提案しても、なかなか行かせてくれない。しびれを切らせた僕は、1991年末に関係者の反対を押し切って現地に飛んだ。

どうせ、エクセル社の経営陣が本当のことを言うはずがない。

だから、僕は全米各州に置いていた販売代理人に話を聞いて回った。すると、報告書のウソが次々と浮かび上がった。経営状況は最悪だった。予想どおり、売れない商品を抱え込んでニッチもサッチもいかなくなっていたのだ。しかも、実際に安売りを仕掛けて経営を悪化させたのはエクセル社自身だった。責任問題になるのを恐れて、ウソっぱちの報告書をつくり続けていたのだ。

僕は激怒した。

「ふざけるな！」

日本語で怒鳴りつけて、権限もないのに会長と社長をその場で解雇。エステーから派遣していた社員も本社に帰した。

僕は、事実をつかんだらすぐに帰国するつもりだった。しかし、誰かが会社を立て直さなければならない。それまでの人生で1週間以上海外にいたことがなかったが、こうなったら自分でやるしかない。

こうして、僕ははじめての社長職を務めることになった。アメリカ人従業員約１００人のなかに、日本人はひとり。ストレスで歯痛になって神経を抜くほどの経験をするが、それは後で話す。ともかく、子会社の粉飾決算を察知して、大事になる前に手を打つことができたわけだ。


社長業とは、「人物鑑定業」である。

「人間」がわからなければ、「数字」に騙される。ビジネスとは、最後の最後は「人間」なのだ。これは、１００％「勘」の世界だ。

僕は、これまで数知れず騙されてきた。授業料は高かったが、おかげで「勘」が磨かれた。そして、これが、僕の「武器」となっているのだ。

働き一両、考え五両、見切り千両。

「見切り千両」はビジネスの鉄則

働き一両、考え五両、見切り千両。

かの上杉鷹山《ようざん》の言葉だそうだ。

さすが、破綻寸前の米沢藩を再建した名君だけある。株式投資の教訓として使われることの多い言葉だが、これはビジネスの鉄則でもある。

ダメな事業はできるだけ早く撤退する――。

その「見切り」ができるかどうかで、社長の器がわかる。「見切り」が遅いと、撤退の代償は大きくなる。ヘタをすると命取りになることもある。

僕は、エクセル社の社長になったときに、このことを痛いほど思い知らされた。

経営の悪化、粉飾まがいの決算……。

その事実を知った僕は、旧経営陣を即解雇。社長に就任して、立て直しに奔走することになった。「売却したほうがいい」と本社に伝えたが、「まかりならん」と言うから仕方がない。財務状況は目も当てられないような状況だったから、一刻の猶予もない。すぐに、100人ほどいた社員を半分に減らすリストラに手をつけた。

これが大変だった。何しろ、日本人は僕ひとり。しかも、エクセル社があったのは東海岸。東海岸のアメリカ人は保守的で日本人を見下しているところがあるから、舐められちゃいけない。最初から喧嘩腰だった。いちばん強いヤツを封じ込める。それが、僕の喧嘩殺法だ。そうすれば、だいたい皆なびいてくる。

管理部門のトップは身長2メートルくらいの大男で、僕に食ってかかってきたから、まずそいつをやっつけることにした。変わった野郎で、ロシア系で頭にちょんまげを結っている。一日一食しか食べないのに、ボディービルをやっているとかで見るからにガッチリしている。皆、こいつを怖がっていた。

リストラでは会社は立ち直らない

殺されるかと思ったけど、最初にハッタリをかました。

「レシート見せてみぃ！　ここの数字が合わへんやないか。八百長やっとるんやろ！」

そう責め立てたら、表情を変えた。

マネジメントが緩かったから、社員は馴れ合いでやっていた。交際費なんかみんな自分のポケットに入れている。脛に傷をもっているわけだ。そこを関西弁でギャーギャーと締め付けた。日本生命時代に10年ほど大阪にいたが、喧嘩するときの関西弁には迫力がある。

「ええ加減なこと言うてたら裁判に持ち込むぞ！」

「クビにしてまうぞ！」

ときどき、インチキ英語も織り交ぜた。

「公用語は日本語だ」

「日本語ができなきゃ数字で言え」

「数字はプラスだけ。マイナスの数字は認めない」

ちびっ子の日本人が突然やってきて、こんな調子で3時間も4時間もしゃべりまくられたら、相手もたいていひるむ。ちょんまげ野郎も、

「この日本人、ちょっとおかしいんじゃないか」

と思ったらしい。2日も締め上げたら従順になった。これで、他の社員も僕についてく

るようになった。

しかし、毎日毎日、一対一でガンガンやり合いながら、毎週4〜5人ずつ辞めさせていくのは本当につらかった。海外の経営者のように解雇をドライに割り切るのは難しい。身体の芯からくたびれた。

会社がそんな状態では、自主的に退職する人もいる。仕事が回らなくなるとまずいから、リストラする一方で、自分で面接して新しい人を採用しなければならない。そのうえ、本社の管理担当常務も兼務していたから、その数字も見なければならない。朝から夜中まで働きづめ。心も身体も悲鳴を上げていた。「俺は強いんだ」「なんとかなる」と言い聞かせて踏ん張るしかなかった。

だけど、リストラでは会社は立ち直らない。

これ以上やっていても倒産は免れない。そうなれば本社にも累が及ぶ。だから、僕は本社の意向を無視してエクセル社を売却することにした。「見切り」だ。白羽の矢を立てたのは、防虫剤で全米シェア首位のウィラートという会社。本社の意向に反するのだから、売却損を出すわけにはいかない。強いプレッシャーのかかる交渉となった。

撤退作戦で心身ともにボロボロ

ウィラート社の社長から初交渉の場所として指定されたのは、なぜかマニラのプラザホテルのプールだった。向こうもひとり、こっちもひとり。これまた身体がデカイ。年齢も僕より10歳以上若い。しかも、アメリカの海軍出身だ。そいつが、ろくに話もせずにプールに飛び込んで泳ぎ始めた。いくらでも泳ぐんだ、これが。

それで、なぜプールなのかがわかった。僕も子どものときから水泳をやっている。負けられない。お互いに張り合って泳ぎ続けた。夜はふたりで、会食しながらビジネスの話をするのだが、昼間はずっと泳ぎっぱなし。1週間も続けると、相当へばったね。だけど、弱音は吐けない。吐きたくても、そんな気の利いた英語は知らない。

意地の張り合いだ。そのうち、さすがに向こうもギブアップした。それで、

「どや?」

って関西弁で聞いたら、

「お前の真意はよくわかった」

と言う。真意などわかるはずがないが、要するに、

「お前の根性はわかった。交渉に入ろう」

ということだ。

お互いに戦闘能力が枯渇《こかつ》したから、この辺で手を打とうというわけだ。

交渉は難航を極めた。

そもそも、こちらが圧倒的に不利だ。英語でしゃべるのはまだいいとして、とにかく契約書が全然わからない。英米法の契約なんて知らなかったからね。

1時間450ドルの弁護士を立てて、向こうの担当者と弁護士との四者で丁々発止《ちょうちょうはっし》の交渉を重ねた。向こうは1ドルでも安く買いたい。こっちは1ドルでも高く売りたい。真っ向から対立だ。

「そんな安い価格しか出さないなら、価格競争を徹底的に仕掛ける。それでも、いいのか?」

こんな脅しもかけながら、駆け引きを続けた。

本社は「売却認めず」の方針だから、まったくの孤立無援。交渉も大詰めを迎えたころ

には、ストレスのせいか猛烈に歯が痛くなって眠れなくなった。アメリカの歯医者に行って、

「歯が痛くって力が出ないから、何とかしてくれ」

と頼んだら、ほとんどの歯から神経を引っこ抜かれた。治療代1万ドル。当時のレートで150万円くらいだ。帰国後、日本の歯医者に診てもらったら、そんなことをする必要はなかったというからあきれた。もとに戻すのに50万円もかかった。

ひどい目に遭ったもんだが、なんとか買値での交渉成立に漕ぎ付けた。1991年末に乗り込んで、1年以上もリストラと売却交渉を行い、最終的に売却が成立したのは1994年のことだった。

撤退作戦としては大成功と言っていいだろう。

だけど、いまだに思う。もっと早く問題を見つけて、さっさと見切っていれば、こんな苦労をすることはなかったのだ、と。

まさに、「見切り」には千両の価値があるのだ。

「成功」を見切るのが、一流の社長

僕がいまだに自慢していることがある。

新型インフルエンザが大流行して、マスク需要が劇的に高まったときのことだ。ウチもマスクを扱っていたから、増産につぐ増産。飛ぶように売れていった。

しかし、あるとき思った。こりゃ、危ないな……。調子に乗ってたら痛い目に遭う。それで思い切って、売れ行きがまだ伸びているタイミングで「撤退する」と宣言した。

もちろん、社内からは反対の大合唱だ。

「なぜ、売れている商品から撤退するのか?」

「このチャンスを活かさない手があるか?」

反対するのももっともだ。「もっと、もっと」と血が騒いでいる社員たちに、「売れすぎているから撤退する」などと言っても納得するわけがない。だからこそ、「成功」からの撤退は難しい。だが、このとき僕は頑として譲らなかった。

結果どうなったか?

新型インフルエンザはあっと言う間に沈静化。いくつかの企業は、大量の返品に苦しむことになった。

どんなもんだ。

と言いたいところだが、恥ずかしながら、実のところ僕は失敗ばかりしている。ついつい、深追いをしてしまう。失敗の連続。死屍累々《ししるいるい》というのが実態なのだ。

人間には「欲」がある。だから、いくら「勝ち逃げはできない」と自分に言い聞かせていても、「欲」に目がくらんで判断を間違えてしまうのだ。

なかなか、一流にはなれませんな。

上杉鷹山はこうも言っている。

働き一両、考え五両、見切り千両、無欲萬両。

さすが、名君だと唸るばかりだ。

反省はするな、よく寝ろ。

Leadership
15

真面目じゃ社長は務まらない

社長は24時間操業だ。

なかには、「オンとオフが大事」と言う社長さんもいらっしゃるが、そんなにうまくいくもんかな。僕には、とてもそんな器用なことはできない。

サイクリング、スキー、登山、水泳……。僕は、いくつも道楽をもっている。最近はサイクリングがお気に入りで、本格的なオーダーメイドのバイクで高原を何十キロも走り回っている。

しかし、どんなに遊んでいても、仕事のことが頭から離れない。常に、頭の片隅で考え続けている。夢のなかでも考えている。24時間365日がオン。オフにはなれない。これは、僕の性《さが》のようなものかもしれないが、それくらいでなきゃ、とても社長は務まらないんじゃないかと思う。

3分考えて結論の出ないことは、3年考えても結論は出ない——。

僕は、常々こう言っている。たいていのことはパッパッと決める。会社のことをいつも考え続けているから、すぐに結論が出る。3分考えて結論が出ないということは、普段の考えが足りない証拠だよ。

ただ、度が過ぎると罠《わな》にはまる。

真面目というのは怖い。一意専心《いちいせんしん》といえばカッコいいが、何かを思いつめてしまうと視《し》野狭窄《やきょうさく》に陥る。知らぬ間に、心に偏りが生まれる。その結果、判断を誤る。

だからこそ、「オンとオフが大事」ということなのだろう。しかし、「オフにはなれない」としたら、〝真面目の罠〟にはまらない方法はただひとつ。真面目に生きるのをやめることだ。真面目に社長をやってたら、絶対に心が折れる。

不真面目じゃいけないから、〝非〟真面目ってところだろうか。

社長は眠れなくなったら負けだ

まず、よく寝ること。

社長は眠れなくなったら負けだ。

僕はもともと寝付きのいいほうで、海外に行くときも、飛行機に乗ったら離陸する前に寝て、着陸してから起こされる。そんな僕でも、眠れなくなることはある。

社長就任直後に競合に防虫剤の値下げ競争をしかけられたときは、眠れなくなった。そうなると、翌日も頭が冴えない。交渉をしても、粘りがきかない。社長に覇気《はき》がなければ、社員も不安になる。

あのときは、睡眠薬のお世話になったが、そのうちスッと眠れるようになった。その理由はよくわからないが、多分、「値下げ競争を相手にせず。敵は敵、己は己」と腹をくくったからじゃないかな。あれこれ心配してたってしょうがない。キリがない。じっくり考えて、最後は腹をくくる。「なるようになるさ」と、いい意味で割り切る。そうすれば、気持ちも落ち着いてくる。気がついたら、1秒で寝られるようになっている。

僕は、いつも社員にこう言っている。

「俺がほしいのは、どこに行っても生水飲んで、どこにいってもぐっすり眠れて、目が覚めたらいつも元気。そんな能天気な社員だ」

あるとき、社員にこう聞かれた。

「社長、でもウチの社是は『誠実』ですよね？　そんなに能天気で誠実って言えるんでしょうか？」

たしかに、ウチの社是は「誠実」。しかし、創業した兄貴がこの言葉に込めた思いは、「言ったことを成し、実現する」ということだ。真面目そうな顔をして、クヨクヨしてるのが誠実ということではない。やることをやり切って、後は「なるようになるさ」とグッスリ眠る。失敗しても笑って、次の挑戦に全力でぶつかる。そんな、強くて明るい会社にしたいものだ。

そのためには、何はさておき寝ることだ。

僕は、どんなときでも8時間は寝る。会社に遅刻しようと、地震が起きようと8時間は寝る。それが社長業の基本だと心得ている。

率先垂範は必ず管理限界になる

忙しくするのもダメだ。だいたい僕は超高齢だから、疲れちゃう。

「率先垂範」を否定するのもそのためだ。

もちろん、率先垂範するほかない局面はある。

僕が社長になったときがそうだ。あのときは権力基盤が弱く、上層部には反対勢力しかいなかったから、指示をしただけでは組織が動かない。率先垂範で現場に首を突っ込まなければ、経営方針を抜本的に変えることなどできなかった。

しかし、率先垂範で頑張ってると確実に管理限界を超える。

だいたい、細かいことにまで口を突っ込んでるうちに、辻褄《つじつま》が合わなくなってくる。揚げ足を取られると面倒くさいだけだ。社長は根元の部分だけ言い続けていればいい。

それに、あれこれ首を突っ込んでると、こっちがパンクしてしまう。疲れると思考がマイナスに触れる。判断も鈍る。僕自身、「消臭ポット」「消臭力」「脱臭炭」「米唐番」などのヒットが続き、会社が立ち直ったちょうどその頃、過労で倒れて1カ月間入院したことがある。妻にもずいぶん叱られた。僕も、このままじゃ続かないと思った。それで、率先垂範を捨てた。

社長は、ただでさえ忙しい。だから、できるだけヒマになるようにしなければならない。

そのためには、社長にしかできないことしかやらないことだ。それ以外は、部下の責任のもとでやらせる。心配にもなるが、心配したってしょうがないと割り切る。

最近は、僕は役員会にもできるだけ入らないようにしている。全部に付き合ってたら、いくら時間があっても足りない。

「会社が潰れそうなことはあるか？」

「いえ、ありません」

「ならいい」

とだけ言って退席したこともある。

大将は物見塔のてっぺんでボーッとする

むしろ、社長は、個別の問題から距離を置いたほうがいい。

実は、ちょっと失敗したかな、と思っていることがある。

エアケア市場は激戦が続いている。消臭剤への参入の遅れたエステーのシェアは第2位。ナンバーワン企業を追いかけて、血みどろの戦いをしてきた。そこへ、P&Gやジョンソンなどの巨大グローバル企業が参戦。すわ一大事と、僕は前線で指揮をとった。

だからこそ、社員も危機感をもって対応してくれたのも事実だろう。しかし、自分でも気づかないうちに視野狭窄に陥っていたかもしれない。前線の指揮は担当役員に任せて、僕はもっとボーッとしていたほうがよかったかもしれないと思うのだ。

大将は、物見塔の上で戦況を眺めることに徹する。もちろん、前線が危なければ出て行く必要もあるだろう。しかし、難局を越えたらサッと引く。もっとも重要なのは、その戦いを横目に睨みながら、広く世間の動きを見続けることだ。そして、新しい事業展開を構想する。僕は、エアケア市場のことに注力しすぎて、この点が手薄になってしまっていたかもしれない。

組織に危機感は欠かせない。しかし、社長まで危機感に染まってしまっては道を誤る。一意専心では、大局観を失ってしまうのだ。

でも、反省はしない。

「やっちまったぜ」でしまいにする。

過ぎたことを気に病んでも意味はない。問われているのは、これからどうするかだ。

過去は変えられない。しかし、未来はつくり出すことができる。

会社には「シンボル」が必要だ。

Leadership
16

会社の存在意義とは何か？

社長の道楽が過ぎる——。

僕はときどき、こう言って怒られる。その筆頭株が「赤毛のアン」だ。

「赤毛のアン」とは、僕が社長になってからずっと続けてきたミュージカルのことだ。「年に一回のお客様への恩返し」のつもりで、約2万人のお客様を無料でお招き（抽選）して、毎年8月、全国8カ所で10公演以上を行ってきた。

初期は各地で一般公募のオーディションをして、合格した約100人の方に舞台に立っていただくお客様参加型のイベントだが、メインキャストは島谷ひとみさんや安奈淳さん、神田沙也加さん、高橋愛さんなどにお願いして始動した本格的なミュージカルだ。

それだけに、かなりの出費になる。だから、道楽が過ぎるというわけだ。

しかし、経営というものは算盤玉だけでできると思ったら大間違いだ。片手に算盤、片手に心意気。この2つがなければ、会社は脆《もろ》い。それが、僕の経営哲学だ。

そもそも、なぜ「赤毛のアン」を始めたのか？

実は、エステーの社長になったとき、僕は何をしたらいいかよくわからなかった。

思いだしたのが、日本生命時代のことだった。当時の僕の親分は、後に社長になる伊藤助成さんだった。生命保険業界出身者としてはじめて経済同友会の副代表を務められるなど、とにかく存在感のある人だった。なぜか僕をかわいがってくださって、しょっちゅうスキーや山登りをして遊んでいた。

その伊藤さんに、僕はある提案をした。「日本生命が金を出して、富士山の清掃をやったらどうですか?」。生命保険会社がまだまだ社会的に認知されていない時代だったから、何か社会の役に立つことをやって大義名分を示したらどうかと考えたのだ。伊藤さんが応援してくれて、僕は各大学の山岳部やワンゲルの学生100人を集めて清掃隊を組織して隊長になった。「日本一の日本生命が、日本一の富士山を掃除する」というキャッチフレーズを掲げながら、エッチラオッチラ掃除をした。

やってみると充実感があった。気持ちが清々しい。やっぱり、社会のお役に立つというのは身体にいい。テレビでも活動の様子が紹介されて、いろいろな方からも「いいことやってるね」などと褒められる。そうすると、社内にも応援者が増える。会社の士気も上がったような気がしたね。

それで、思った。会社には利益を超えた「何か」が必要なんじゃないか——。売上、利益、株価は、会社が存続するために欠かせないものだ。しかし、そればっかりではやってられない。元気が出ない。世間様にも認められない。もちろん、本業で社会に貢献するのは当然のことだ。しかし、営利を超越したシンボルが会社には必要なのだ。社長から社員まで一人ひとりに存在意義を与えてくれるような何かが……。

社員と家族と会社の一体感を生む

思いついたのがミュージカルだった。

僕はミュージカルの大ファンだ。ニューヨークに行けば必ずブロードウェイに行くし、ロンドンに行けば必ずピカデリーサーカスに足を運ぶ。日本でもしょっちゅうミュージカルを楽しむ。だけど、「いい作品は少ない」とも思っていた。

僕は、勧善懲悪《かんぜんちょうあく》が好きじゃない。悪いヤツが殺されるシーンなんかがあると、可哀想で見ていられなくなる。もちろん、いいヤツが死んでしまうのもイヤ。とにかく、ハッピーエンドが好きなのだ。ところが、意外にハッピーエンドの作品は少ない。見終わった後に、何か重いものが残る。スカッとした気持ちで、「よし、俺も頑張るぞ」と思えるようなものが少ない。まぁ、あるにはあるが、今度は薄っぺらすぎる。腹に力が入らない。なかなか、「これ」というものにめぐり合えなかった。

だったら、自分でつくってしまおう。そして、お客様をご招待して楽しんでいただくのだ。「いろいろあるけど、明るく生きていきましょう。エステーも頑張りますよ」という思いが伝わればいいな。この世が少しでも明るくなれば、やった甲斐もある。

こういうものは社長の思いを込めなければモノにはならない。だから、「赤毛のアン」を選んだ。僕自身がこの本に育ててもらったようなものだからだ。戦後、村岡花子さんの翻訳で「赤毛のアン」は大ブームになった。当時、本なんてなかったから、ボロボロになるまで読んだ。暗い時代だったが、ずいぶんと勇気付けられたものだ。

アンの生い立ちは悲しい。幼くして両親を亡くし、親戚の家をたらいまわしにされた挙句、児童養護施設に送られる。そこで、ちょっとした手違いで心優しいマシューとマリラ兄妹にもらわれて、ようやく人並みの幸せを手に入れる。だが、学校でいじめられたり、マシュー小父さんが亡くなったり……、つらいことは次々と訪れる。それでも、明るく生きていくアン。この物語は、世代を超えて人々を元気付けるはずだ。

原作は少々暗い。だから、脚本家に「明るくやってくださいな」「テンポよく」「あんまりメソメソしないで」とお願いしながら、10年をかけてつくり上げていった。

お客様にもたいへん好評をいただいている。僕とあまり歳のかわらない年配の方から、ママさん、お子さんまで、これまでに20万人以上の方々に楽しんでいただけた。僕も必ず公演を観にいくが、終演後、晴れやかな表情のお客様をお見送りするのが何よりの喜びだ。こちらが元気をいただいている。

もうひとつ、隠されたねらいがある。

普通、こうしたイベントは専門業者にお願いして行うものだが、ウチではすべて社員が手弁当で運営している。チケットのもぎりから、座席のご案内まですべてだ。安上がりにするってこともあるが、それだけじゃない。日用雑貨企業は普段、お客様と直接触れ合う機会がほとんどない。営業先は卸や小売店だ。だから、ミュージカルを通してエンドユーザーと触れ合うことで、仕事に心がこもるようになるのだ。

あるとき、公演中に持病の悪化を訴えられるお客様がいらっしゃった。救急車で病院へお連れするのは誰でも考えることだが、うちの社員は、ご家族が病院に到着するまで何時間も病院で待った。そして翌日もう一度お見舞いに伺っていた。表彰モノだ。こういう気持ちでお客様に向き合う社員がいる限り、エステーは大丈夫だと思える。

それだけではない。僕は「奥さんや子どもを連れておいで」と社員に呼びかけている。ウチなんかもそうだが、たいてい「亭主元気で留守がいい」ってなもんだ。ところが、「赤毛のアン」を観た奥さんから褒められるというのだ。「あなたの会社、ちょっと見直したよ」ってね。社員もうれしそうにしている。もちろん、給料や労働条件なども重要だ。しかし、こういう気持ちがあってはじめて、社員と家族と会社の一体感のようなものが生まれるのではないだろうか。これこそ、会社の底力だと思う。

第4章

社長は心意気をもて。

バカでなくて大将が務まるか。

Leadership
17

大将がビクビクすると、パニックになる

２０１１年3月11日――。

東日本大震災が発生したとき、僕は千葉幕張メッセのコンベンションセンターにいた。僕も創設時の発起人のひとりであった「ＪＡＰＡＮドラッグストアショー２０１１」の初日だったのだ。

全国のドラッグストアが集まる一大イベント。エステーも毎年、企業ブースに商品を展示していた。総勢60人の社員と会場に乗り込んだ。

あのとき、僕はエステーのブースのそばで取引先のお客様と世間話をしていた。「あれ？　目が回ってんのかな？」と思った瞬間、上下にガツンと大きな衝撃が走ると、商品や展示物がガラガラと音を立てて崩れ出した。

気がついたら、会場からみんないなくなっていた。僕は鈍感だから、うすらぼんやりその場に立ち尽くしていた。何していいかわからんし、どこに逃げたらいいかもわからん。長いこと人間をやってるから、あんまりジタバタしてもしょうがないと思っていた。

そのうち、社員が駆けつけてきた。

「社長、ここにいちゃダメです」

「ほうかいな」

社員に手を取られて表に出てみると、南の空に黒煙が上がっているのが見えた。後で知ったことだが、千葉県市原市にある製油所で発生した火災だ。隣のホテルを見上げると、掃除用のゴンドラが斜めに宙吊りになっていた。

社員は一カ所に集まっていた。全員無事だった。だけど、みんな不安げな様子で言葉もない。うずくまって泣いている女性社員もいた。

これは、えらいことが起きたな……。

そう思ったが、大将がビクビクしたらダメだ。社員は僕のことを見るともなく見ているのだから、不安な表情を見せたらパニックになってしまう。だから、いつものホラを吹いた。

「こんなことはよくあることや。たいしたことねえよ」

何人かの社員が笑顔を見せたので、ちょっとホッとした。

社長が現場に出ると、大局を誤る

鉄道も高速道路も使えないだろうと判断して、都内に戻るのは早々にあきらめた。「もう、ここで寝ちまえ」ということで、その日はコンベンションセンターに泊まることにした。

津波の映像を見たのは、コンベンションセンターのテレビだった。「この災害はけた違いだ」。さすがに度肝を抜かれた。ずっと画面を見つめていると、気が滅入りそうだった。ところが、ウチの社員は優秀でね。地震後すぐに、近所にあるいくつかのホテルに名刺を配って、「キャンセルが出たら連絡がほしい」と手を打っていた。

予想通りキャンセルが出て十数部屋確保できたので、女性社員はホテルに泊めることにした。「では、社長もどうぞ」と言うので、「そんなわけにはいかん」と思ったが、「社長に何かあったら困ります」と言われると仕方ない。「卑怯かな……」と思いつつホテルに入った。

テレビをつけると、悲惨な映像が続いていた。アナウンサーは切迫した表情で被災状況を伝えていた。だから、僕はすぐにテレビを消した。悪いニュースをいつまでも見ていたってしょうがない。思考がマイナスへマイナスへと振れるだけ。被災地のことが気になるが、無理やり布団をかぶった。一晩中、消防車のサイレンが鳴り響いていた。

翌3月12日の土曜日、僕たちはそれぞれの自宅へと戻った。

当時の専務から連絡があり、幹部に招集をかけて緊急対応をしているという。彼は責任感が強いから任せたほうがいい。それでなくても混乱しているなかで、僕がいたら余計に混乱するだけだ。「頼んだぞ」と伝えて、土日は自宅でぼんやりと過ごした。こんなとき、大将が現場に乗り込んでモミクチャになったら大局を誤る。

テレビはあまり見なかった。悲惨な映像とAC（公共広告機構）が延々と流れ続けるだけだから、現状を把握したらすぐに消す。ネットやメールも見ない。なるたけ、気が滅入るような情報には触れないように気をつけた。大切なのは、平常心を保つこと。そして、じっくりモノを考えることだ。

被災された方々のことを思うと胸が痛んだ。同じ日本人として、胸がえぐられるような思いだった。気がつくと、戦中戦後のことを何度も思い返していた。

あのときも、空襲で家を失い、家族を失った人々がたくさんいた。父親や兄弟を戦地で亡くした友だちもいた。東京は焼け野原、焦土と化した。そこで、戸板を並べて父親の仕事を手伝っていたころのこともまざまざと思い出した。

会社からは続々と報告の電話がかかってきた。

「福島工場被災。復旧の見込み立たず」

「消臭力、消臭ポットの生産不可能」

春は日用雑貨販売のトップシーズンだ。

ヘタすりゃ、会社が潰れるな……。

そう思ったが、僕は淡々と聞きおいた。騒いだところでどうにもならない。起きてしまったことは仕方がない。これからできることだけ考える。それが、それまでの人生で培ってきた習慣だった。

大将がニコニコしていれば、たいていはうまくいく

週が明けて月曜日。

電車は動かないし、車のガソリンもない。だから、自転車で会社に乗りつけることにした。慌てたってしょうがない。あちこち街の様子を見ながらペダルを踏んだ。

社内は騒然としていた。

「おう、ご苦労さん」

いつもの調子で声をかけたが、さすがに重たい空気が漂っていた。こりゃ、いかん。こういうときに俯《うつむ》いたらダメなんだ。こんなときこそ、あっけらかんと笑うくらいじゃなきゃ負けちまう。

だから、役員を集めて一席ぶった。

「いいか、こんなのたいしたことないんだ。安心しろ、俺がついてる。俺が10歳のとき、東京は全部燃えて真っ黒焦げになった。俺んとこもそうだった。それで、親父と二人で露天商をやって、くず鉄拾ったりしてなんとか生き延びて、ここまでやってきたんだ。もし

も、とんでもないことが起こっても、またもとに戻るだけや。食うや食わずだったけど、日本はそれでも復興した。また、やりゃいいじゃないか。会社のひとつやふたつ、俺がつくってやる。さばさばしたもんだぜ。怖いことなんて何もない。テレビつけりゃ深刻な顔して『先行き不安』とか言うけど、先行きなんていつも不安なんだよ。だから、テレビを見るより、ほら、俺の顔を見ろ。俺についてこい。心配するな、負けるもんか。みんな頑張ろう！」

まぁ、無茶苦茶といえば無茶苦茶なんだが、こう言ってカラカラッと笑うと、みんな妙に納得したような顔をしていた。笑い出すヤツなんかもいてね。バカと言われるかもしれないが、バカじゃなくて大将が務まるものか。心がズタズタでもホラを吹いて笑ってみせる。大将が元気でニコニコして、平気な顔をしてたら、たいていはうまくいくんだ。

心意気が試されるとき

「『赤毛のアン』はやる」

これが、震災後、僕が最初に下した決断だった。

みんな驚いていた。相談すれば、暗い顔をして「難しいのではないでしょうか」「もう少し考えましょう」などというに決まっている。だから、先手を打った。一般公募のオーディションは3月末。実施するか否かの決断をすぐにも下さなければならなかった。

「しかし、社長、仙台で押さえた会場は使用不可能です」

「だからどうした？　そこをなんとかするのが、君の仕事や」

こんな調子で、震災後の第一歩を踏み出したのだ。

震災後の危機的状況のなかで、算盤玉だけで考えたらバカげたことかもしれない。しかし、ここでやめたら、「社会の空気までもかえたい」という言葉がウソになってしまう。会社のシンボルを壊してなるものか。いや、こんなときだからこそ、世間様を勇気付けるようなことをやらなければならない。それではじめて、心意気は本物になるのだ。

5カ月後——。

僕は、「赤毛のアン」仙台公演の会場にいた。

担当者が電話をかけまくって、なんとか見つけた会場だった。

一般のお客様をお迎えする通常の公演が終わった後、予定になかった第2回目の公演をひそかに行った。震災で親兄弟を亡くした、宮城県名取市の小中学生を中心に1000人近くをお招きしたのだ。名取市長も駆けつけてくださった。

友だちに借りた洋服で目一杯のおしゃれをした子どもたちは、心から笑い転げ、手拍子をしてくれた。マシュー小父さんが亡くなる場面では、すすり泣きが聞こえた。よく見ると、舞台のうえのアン役の島谷ひとみさんも涙を流していた。

しばらくして、担当者がペーパーをもって社長室にやってきた。「赤毛のアン」を観た名取市の子どもたちがブログに書いた文章を、プリントアウトしてもってきてくれたのだ。

そこには、こんなことが書いてあった。

「ずっと、暗くて怖くて眠れなかったけど、ミュージカルを観て笑って泣いて、久しぶりにぐっすり眠れました」

別の社員はこんな話を教えてくれた。

出演者のひとりに、小さな小学生をお持ちのお父様から手紙が届いたというのだ。津波で母親を亡くした少女は、劇中のマシューの死について1週間ずっと考えたそうだ。

そして、こう話したという。

「マシューは、みんなに囲まれて死んだんだね」

お父さんは、「母親の死を受け入れられたのかもしれません。素敵なミュージカルをありがとうございました」と書いてくださった。

社員たちは少し気恥ずかしそうにしながらも、誇らしげだった。そして、「やってよかったですね」と口を揃えた。

うれしかった。

だけど、こう言って笑った。

「当たり前だ。今ごろ気づいたか」

社長は群れるな、逆を行け。

Leadership
18

俺たちは日本のメーカーだ、死んでもここから動かない

福島工場被災――。

これにはまいった。

いわき市にある福島工場では約60人の諸君が働いていた。その家族も含めた全員が無事だったのにはホッと胸を撫で下ろしたが、原発事故の風評被害で、水もこなければガソリンもこない。援助の手が何も差し伸べられていないと聞いて、頭から血が引きそうだった。

震災直後に派遣した社員からも悲観的な報告が上がってきた。

「工場建物の被害は軽微だが、生産ラインは壊滅。道路もズタズタで復旧の目処は立たない」

そんな情報が飛び交うなか、目端《めはし》のきく一部の役員からこんな声が出た。

「この際、福島工場を閉鎖してはどうでしょうか？」

これには頭に来た。

工場の偉いさんは転勤でどこかに行けるだろう。しかし、ワーカー諸君には介護が必要

な親がいて、学校に通っている子どもがいる。そこが、生活空間なのだ。

思わず怒鳴った。

「バカ野郎、寝言を言うな！　お前な、福島の工場でつくった商品が、日本中の皆さんに愛されてきたんだ。俺たちは日本のメーカーだ。死んでもここから一歩も動くか。増強することはあっても撤退はしない！」

当たり前のことだ。

何よりもまず、ワーカー諸君を安心させなければならん。すぐに全社員を集めた緊急集会を開き、テレビ電話を使って全国一斉にメッセージを出した。

「福島工場は一歩も後退しない。福島の諸君はとりあえず自宅で待機していてくれ。会社命令の自宅待機だから、その間の給料は全額保障する」

負けてたまるか！

問題は算盤玉だ。

福島工場では、主力商品である「消臭力」を生産していた。他の工場にラインをつくるにも2〜3カ月はかかる。さらに、「消臭ポット」も製造不能となった。製造を一手に引き受けてくれていた外注先の工場が、福島第一原発の目と鼻の先、半径数キロ圏内にあったのだ。しかも、競合他社の生産拠点はほぼ無傷だった。

消臭芳香剤のトップシーズンは春先からスタートする。手をこまねいていたら、敵にやられる。それでなくても、エアケア市場は激戦の真っ只中。P&Gやジョンソンなどの巨大グローバル企業が参戦したこともあり、ここ数年、「消臭力」はジリジリとシェアを奪われていたのだ。

しかし、弱音を吐いたってしょうがない。つくれないものはつくれないのだ。ここは底力を出すしかない。僕は全社に大号令をかけた。

「負けてたまるか！　やるぞ！」

〝あるもの〟を売る。これしか手はない。

すぐに、全国の営業所と物流拠点に、どんな商品がどれだけ残っているかをすべて洗い出させた。そのうえで、営業所ごとに売上に応じて商品を割り当てることにした。戦時中の配給制と同じである。

当然、売れる商品から品切れになる。「売りやすい」ものがなくなると、営業部隊からは悲鳴があがる。そこで活を入れるのが社長の仕事だ。

「在庫過多で潰れた会社はあっても、品切れで潰れた会社はない。めでたいことじゃねぇか。まだ売れ残っている在庫はある。それを売ってこい！〝売れる商品〟は勝手に売れる。そうじゃないのを売るのが諸君の腕の見せところだ！」

元気がなくなれば、日本中がダメになる

もうひとつ重要な決断があった。

CMである。震災から4〜5日経ったころだったか、会社の廊下で鹿毛《かげ》君とすれ違った。ウチの宣伝部長でありながら、CMのクリエイティブ・ディレクターを務めている男だ。普通、クリエイティブ・ディレクターは広告会社の担当者に任せるものだが、彼は「社長のご意思をCMに貫徹させるために、私がCMをコントロールします」と言う。「ほうか」というわけで、全面的に任せている。

彼の顔を見て思い出した。震災後のテレビのことだ。延々と続く悲惨な映像。その合間

にはＡＣが繰り返し流れるだけ。見ているだけで、気が滅入ってくる。「これじゃ、みんな元気がなくなって、日本中がダメになる」と思っていた。こんなときこそ、傷ついた心をそっと癒すようなものが必要だ。だから、こう聞いた。

「ＡＣって、ありゃなんだ？」

「このタイミングで企業ＣＭを打つとバッシングを受ける可能性があるので、各社自主的にＡＣへの切り替えを行っています。わが社もそうです。自主返納ですので、放映料は企業が負担します」

手短に説明すると、彼はこう言った。

「今こういう時期だからこそ、ＣＭをやるべきだと考えています。ＣＭをつくってもいいでしょうか？」

聞くと、４月末から放送開始予定だった消臭力のＣＭはほぼできあがっているという。しかし、震災前につくったＣＭを、何事もなかったかのような顔をして流すわけにはいかない。だから、新しくＣＭをつくりたいというのだ。

彼とは妙に気が合う。いつも、だいたい同じことを考えている。きっと、今回も僕の

「思い」をカタチにしてくれるはずだ。

とはいえ、商品を用意することもできないのが実情だ。ＣＭ製作には巨額の投資が必要なのに、そんなことをやってもいいのか……。一瞬、躊躇《ちゅうちょ》した。

しかし、これだけのことが起こったのだ。算盤玉はご破算にして、日本中を覆っている重苦しい空気を、ほんの少しでも明るくできればいいんじゃないか。「空気をかえる」のが俺たちの仕事だ。

「そうだな……、こんなときこそ心意気を見せるってことだな」

彼は、顔を輝かせると、そそくさと立ち去った。

鎮魂歌とエールを送れ

数日後――。

鹿毛君が社長室にやってきた。

そして、新ＣＭの企画書を見せながら簡単な説明をした。

「少年が消臭力のＣＭソングをアカペラで歌うんです。子どもの歌声は、きっと傷ついた人々の心を癒してくれます」

僕は黙って頷いた。エステーは、クスッと笑っていただけるようなＣＭで皆さんに喜んでいただいてきた。地震があったからといって、急にかしこまるのもおかしい。

そんなことを考えていると、彼は申し訳なさそうに言った。

「ただですね、日本人の少年だと、どうしてもわざとらしくなってしまいます。そこで、こんな時期ですが、海外で撮影したいと思います。いくつか候補はありますが、第一候補には、撮影許可の取りやすいポルトガルのリスボンを考えています」

これを聞いて驚いた。リスボンと言えば、かつて大地震に伴う津波に襲われた街だ。ゲーテの詩にも、そう書いてある。さすが、コイツはたいしたもんだ。そう思って、立ち上がって握手を求めた。

「鹿毛君、すばらしい！」

ところが、ポカーンとした顔をしている。

「まさか、お前、知らねえのか？」

「な、なにがですか？」

あきれたね。

彼はMBAも取得した秀才だ。なのに、こんなことも知らないなんて……。

「それでよく人間やってるな?」と冗談を言ってから、ひと講釈垂れた。

「リスボンって街はな、かつて大津波に襲われたことがあるんだ。市民の3分の1が亡くなる大惨事だった。だけど、ちゃんと復興した。いいか、そこから、地震で亡くなった方々へ鎮魂歌《ちんこんか》を送るんだ。そして、日本人みんなにエールを送るんだ」

あっけにとられていた彼も、ことの重大さに気づいたようだ。硬い表情で「はい」とだけ答えた。

「商売のことは全部忘れろ。いいな、とにかく心を込めるんだ」

「わかりました」

ここで彼は表情を曇らせて、こう言った。

「バッシングが来るかもしれません」

「俺が社長だ。お前が社長じゃない。俺が命かけるんだ。お前は関係ない。お前は、心だけ込めりゃいいんだよ」

「は、はい」

「わかったら、早く行け。一番機に乗れ」

ミゲルの歌声で、心の霧が晴れた

4月22日夜9時――。

僕は自宅のテレビの前に座った。

エステーは月曜9時のフジテレビのドラマにCMの枠をもっている。その枠でリスボンで撮影した新CMが初放映されるからだ。

鹿毛君は、いつも放映前に新CMを僕に見せようとする。だけど、だいたい「俺は見ねえよ」と断る。そのCMだけ見たって、わからない。テレビ番組の合間に流れて、はじめてCMの真価はわかるからだ。その代わりにこう言う。「わかってるな？　CMは投資だ。ダメなCMをつくったらイエローカード。イエローカード2枚でレッドカードだ」。だから、彼はいつも必死だ。

番組が始まった。

震災から1カ月以上が経っていたが、いまだにACが流れている。そんな中、企業CMを打つのだ。何が起こるかわからない。万一バッシングが起これば……、さすがにドキドキしたね。

画面が切り替わった。

リスボンの街並みだ。

男の子が歌い出した。

ラ〜ラ〜ララ〜〜。

僕は身を乗り出した。

画面はズームアップしていった。そして、「ショ〜シュ〜リキ〜〜♪」と高らかに歌い上げて終わった。あっという間の15秒だった。

心の中で喝采《かっさい》した。この坊やいいじゃねえか。「頑張ろう」とか「応援しよう」とか「絆」とか、そういう類のことは一切言わない。ただ商品名を歌っているだけ。しかし、その歌声は力強く、伸びやかで、美しい。そして、なんだか泣けてくる。

ミゲルの歌声を聞いて、ずっと胸につかえていたモヤモヤがスッと取れたような気がした。震災以後、もっともらしい顔をした人たちが沸いて出てきて、マスコミもその尻馬に乗って、「日本が全滅する」とか「富士山が爆発する」とか、気の滅入るような与太話を垂れ流していた。それがどうだ。ミゲルの歌声を聞いたら、霧が晴れたような気分になる。元気になる。

こういうのがほしかったんだよ、僕は。

今、世の中に必要なのはこれだ。

これぞ、エステーだ。

「逆張り」が幸運を引き寄せる

視聴者の反応は予想を超えた。会社にはSNSを通して数え切れないほどの声が寄せられた。その99%が好意的な声。ホッとした。ありがたかった。

そして、CMは大ブレーク。

エステーは、はじめてCM好感度ランキングで総合1位に輝き、その年のブランド・オブ・ザ・イヤーもいただいた。メディアでもさかんに紹介されて、ちょっとした社会現象になった。少しでも日本を明るくできたんじゃないかと思った。それで満足だった。

ところが、やっぱり神様っているのかな？

なんと、「消臭力」の売上が2割もアップしたのだ。はじめのうちは、営業にうんと怒られた。「売るモノもないのにCM放映してどうするんだ？」ってね。だけど、福島工場も社員の奮闘で1カ月で復旧。増産に次ぐ増産だ。そして、年度末には、ここ数年で失ったシェアを取り戻していた。

長く生きてきても、やっぱり世の中のことはわからない。

意図せざる幸運とめぐり合うことはあるのだ。

大切なのは、心意気を胸に行動を起こすこと。もしかしたらバッシングを受けていたかもしれない。しかし、他の会社と横並びで何もしなければ、何も起こらなかったことだけは確かだ。

社長は群れちゃダメだ。

海外企業のM&Aだ、アジア進出だ、などと一緒になって騒いでるようじゃ話にならん。

まとめてお陀仏になるのが関の山。だから、僕はいつだって「逆張り」だ。今回は、それが思わぬ幸運を引き寄せたのかもしれない。

おかげさまで、今も福島工場の諸君は、元気に「消臭力」をつくり続けてくれている。

応援してくださった皆様に、改めて御礼を申し上げたい。

いつでも、顔を高いところに向ける。

Leadership

19

いちばん大事なのは、人間が元気でいることだ

水素爆発、核燃料棒露出、炉心融解《ろしんゆうかい》……。

震災後、メディアには不気味な言葉が踊った。

そんな中、福島工場の諸君の声を聞いた。

「とにかく、放射能が怖い。今、放射線がどのくらい来てるのかわからないから不安でならないんです」

それはそうだ。わかった。放射線量を測定する線量計を会社で買って送るから待ってろ。というわけで、社員に買ってくるように指示した。

調べてみると、線量計はすべて業務用で何十万円もする。しかも、メーカーに問い合わせたら、「すべて政府に納めるから、販売できない」という。ということは、いちばん必要としているはずの福島の皆さんの手にも届いていないということだ。

そのうち、きちんと動くかどうか怪しいような中国製の線量計が売り出された。後に、国民生活センターがその商品はバッタものだと発表するのだが、「人の弱みにつけこんで

ひでえ商売をしやがる」と頭に来た。なぜ、原子力関連企業が手頃な線量計を売り出さないのかという思いもよぎった。しかし、そんなことを言っていてもラチがあかない。

今、自分が吸ってる空気が安全かどうかもわからないで、「空気をかえる」も何もない。

だから、こう決めた。

「だったら、俺んとこでつくってやる」

幽霊の正体見たり枯れ尾花――。

皆、被害状況がわからないから不安なのだ。不安が不安を呼びパニックになる。その悪循環を止めるには、手軽に放射線量を計測できるようになればいい。自分の目で数字を確認できれば、そんなに驚かない。そうなれば、日本を覆っている暗い空気も変わるに違いない。

これは、エステーの仕事だ。

日本のためだ、文句があるか？

善は急げ——。

僕はすぐに役員会に諮った。

「ネーミングはもう決めてある。エアカウンターだ。損得勘定はどうでもいい。誰でも買える値段にする。どうだ？」

皆、あっけに取られて黙りこくっている。

「また、とんでもないことを言い出したよ」

顔にそう書いてある。

日用雑貨企業が線量計をつくるなんて誇大妄想。

そんなことは先刻承知だ。

しかし、エステーは日本国政府に恩義はないが、65年間育ててくださった国民には恩義がある。

いま恩返しをしないでどうする。

とにかく、早くつくるんだ。

そう力説した。

最初に口を開いたのは開発担当役員だった。

「お気持ちはわかります。しかし、技術的に困難です」

そんなことあるものか。

僕は世界中の本を取り寄せていた。数十冊は届いた。そんなもん読めない。だから、目次だけ赤線でピュッピュッと引きながら、ざっくりとポイントだけ把握した。

長年培ってきた即席勉強法だ。

線量計の原理など簡単だ。「ガイガーカウンター」とかいうと物々しいが、要は真空管にアルゴンガスを充填《じゅうてん》して電極を取りつけただけの代物だ。

僕は10歳のときに焼け出されて、生き残るために何でもつくった。

鉱石ラジオ、真空管ラジオ、トランジスタラジオ……。こんなもの作るくらいわけない。

「うるさい。俺が自分でつくるから、ハンダゴテ買ってこい！」

こう息巻いたが、「殿ご乱心」という扱い。

そうすると、次から次へと反対意見を言い始めた。

「できない理由」はいくらでも並べられる。

「品質の保証はどうするんですか？」

「完璧な商品を出す必要はない。幽霊の正体が枯れ尾花かどうかさえ、わかればいいんだ。一刻も早く作って、皆が不安になっているときに提供できなきゃ意味がない」

「クレームが来たらどうするんですか？」

「いくらでも受けて立ちゃいいじゃねえか。人間のやることだ。クレームが出るのは承知の上よ」

「誰が答えるんですか？」

「誰かが答えるよ。そのためにお客様相談センターがあるんだろ。何なら君が答えるか？」

彼らも頑固で、いつまでも結論が出ない。

最後はこう言って押し通した。

「これは、日本のためだ。文句あるか？　社長の俺がやるってんだから、やるんだ。もうお前はいらん。次の会議から出ないでいい！」

ひどい社長だが、ウチの役員もたいしたもので、次の会議にイケシャーシャーと出てきて、またぞろ難癖《なんくせ》をつける。

それでいい。

いろんな意見があるから会議は盛り上がるというものだ。

福島のための商品は、福島でつくる

いろいろ調べた。

ガイガーカウンターは、今から約120年前にドイツのガイガー博士がつくったものだ。100年前に改良されて以来、発展していない。その後、鉱物に当てて線量を調べる方式が生み出された。

ところが、この鉱物を手に入れるのが難しい。

これは、やっぱり半導体だよ。

ハンダゴテじゃ、ダメだ。

というわけで、僕は早速、第一線の研究者のもとを訪ねた。

社長の名刺っていいね。

すぐに会ってくださった。

もちろん土下座だ。

「先生、お願いします！　日本のために一肌脱いでください！」

こうして、製品の監修をしてくださることになった。

「とにかく早く」と社内を急《せ》かした。

ある日、担当役員から報告があった。

「中国に生産工場を置くことにしました」

協力してくれるメーカーの開発拠点が中国にあるし、そのほうがコストを抑えられるという。

もう生産ラインもつくったというから驚いた。

「バカヤロー！　福島の人たちのためにやるんだから、福島でつくるのが当たり前だ！」

「コストが高くなります。値段は安くするとおっしゃったじゃないですか」

「コストは高くなってもかまわん。俺が責任をもつ」

「いまさら設備を中国から持ち出せません」

「いいよ、捨てて来い。こっちでもう一回つくれ」

すったもんだの末、震災から3カ月後の7月には量産化を開始。

10月20日の発売が決定した。

重視したのは使いやすさだ。

シンプルな設計にして、誰にでも操作できるように心がけた。

問題は値段だった。

算盤をはじくと希望小売価格1万5750円が限界。

しかし、小さなお子さんをもつお母さん方から、「1万円以内でないと手が出ない」との声が寄せられた。

腹をくくって、「9800円でいく」と宣言。発売2週間前のことだった。

発売と同時にお客様相談センターには問い合わせが殺到。

福島県を中心とした被災地で優先的に販売をして、1万個の初回出荷分は発売初日に完売となった。

何よりうれしかったのは、「安心した」という声が多数届けられたことだ。

その後、さらに研究をして性能アップとコストダウンに成功。

７９００円まで価格を引き下げることができた。

算盤だけでは、会社はうまくいかない

ただし、やはり算盤玉は合わなかった。

正直に言うと、商売としては大損だ。

経理担当からはえらい怒られた。

だけど、それは初めからわかっていたことだ。

皆さんの不安がなくなれば、需要はなくなる。

むしろ、いつまでも売れている状況こそがよくない。

「鈴木さん、いつもは『見切り千両』とおっしゃってるのに、えらいヘマを打ちましたな」

経営者仲間にはずいぶんといじめられた。アナリストからも冷ややかな批評を受けた。

「プロの経営者と言えるのか」と言われたこともある。

こんなときに、ムキになっても仕方がない。

だから、「ハハハ」と笑う。

たしかに、エアカウンターを売り出すというのは、経営者としてはバカかもしれん。

しかし、僕はヘマなど打ってはいない。

日本の一大事に算盤玉カチャカチャやっててどうする。

僕は経営者である前に、日本人だ。社員だってそうだ。日本の皆さんが困ってるときに、お役に立とうとするのが当たり前だ。ちょっと損したくらいで俯くことはない。「ハハハ」と笑って、上を向いて歩けばいい。

実際、2011年度決算で利益は減ったが、売上は伸びた。

これは、営業部隊の諸君の健闘が大きい。〝あるもの〟を売る——。

苦肉の策ではあったが、力を合わせて頑張ってくれた。火事場で底力をみせてくれた。

僕は、彼らを誇りに思う。

もしかしたら、社長の誇大妄想を意気に感じてくれたのかもしれない。

「バカな社長が、日本のためだって無茶やってる。しょうがない、俺たちが頑張るしかない」

そう思ってくれたとしたら、こんなにうれしいことはない。


畢竟《ひっきょう》、経営は心意気だ。

算盤も大事だけど、それだけではうまくいかない。

人がついてこない。

だって、面白くないもんね。

いつでも顔を高いところに向けて、泣いたり笑ったりしながら、一歩ずつ進んでいく。

そこに生まれる「熱」こそが、経営の真髄だと僕は信じている。

あとがき

今、日本が衰退していると言われる。

中国に抜かれたなんて騒いでいる。

しかし、産業革命以前は、中国とインドが世界のＧＤＰの多くを占めていた。

農業の時代だから人口が多いところが強かった。

ところが、産業革命が起こってイギリス、それからアメリカが覇権をとった。それが、再び揺らいでいるってだけの話。世界は常に動いている。

それだけの話だ。

短期的に見るから世をすねてみたり、悲観してみたりするが、ようするに騒ぎすぎなんだよ。

僕たちのご先祖様は、そんな世界の動きのなか、次々と襲いかかる危機をくぐり抜けてきた。

そして、時代を動かしてきたのは、賢そうな顔をして暗いことを言ってるヤツじゃない。暗い時代のなかで、酷い目にあってもバカみたいに笑って元気に頑張ってきた人たちだ。敗戦後の日本だってそうだ。３００万人もの人が亡くなって、日本中が焼け焦げになって、どうやって立ち直ったのか？　朝鮮動乱の特需があったからとか言うが、僕に言わせりゃ、あれは日本中の社長が「負けてたまるか！」「俺について来い！」って社員たちを率いたからだ。社長の心意気にみんな奮い立って頑張ったんだ。


ところが、最近は社長までが賢そうな顔をしている。

難しそうな理論に詳しくて、理路整然と話す。だけど、話を聞いても腹に響かない。「そのウソ、ホント?」と思う。人間は感情の生き物だ。理論で人は動かない。人が動かなければ、現実も動かない。大事なのは「腹」だ。腹ができてない奴がガタガタ言ったって、相手にはパンチがこない。

しかも、みんな勉強好きだね。「最新のセオリーだ」と言われると、ありがたがる。「アジアに投資だ」と言われると、我れ先にと群がる。「日本はもうダメだ」と言われると、揃って暗い顔をして下を向く。人の言うことを真に受けすぎだ。

考えてみれば、僕たち日本人は、バブルのころは「もはやアメリカに学ぶものはない」なんて図に乗りすぎた。それで、今度は極端に萎縮《いしゅく》しちまっている。バブルになると増長して、はじけるとシュンとなる。世界の人たちはいつもしたたかで、吹いて吹いて吹きまくって、悪いときも吹きまくってる。

世界の真似をすることはないが、日本人ももっとワルにならなきゃね。危機は当たり前なんだから、いちいちびっくりしない。いつも顔を上に向けて、「ハハハ」と笑う。そして、バカ面しながら敵をやっつける。そんなしたたかさをもたなきゃ、生き残れない。

その先頭に立つのが社長だ。こんな時代だからこそ、社長がしっかりしないとダメだ。政治も、政府もあてにはならない。社長がしっかりして、日本を支えなければダメなんだ。

少し前に「社長の鬱」という雑誌の特集があった。読んでると身につまされたよ。だけど、バカヤローって思った。経営は心意気だよ。負けたらあかん。

多少、経営が悪いからってクビをくくるなんてことを考えちゃダメだ。クビをくくりたくなったら、商売敵をやっつければいい。

そのくらいのクソ度胸で生きれば、失敗したってクビの皮一枚で繋がる。仕事で命まではとられない。イケシャーシャーで、厚かましく生きればいい。

もっと自信をもつことだ。インチキ経営学なんかにすがるんじゃなくて、自分の身体で現実と戦う。傷ついて当たり前。倒れたら立ち上がって、また戦う。その繰り返しで、自信はつく。社長が臆病になっててどうする。下を向く暇があったら、大ボラでも吹けばいい。自分のホラにびっくりして、目が覚める。

社長は、ホラを吹いて吹いて吹きまくればいい。

ホラも本気で吹けば、現実になるのだ。

最後にもうひとつホラを吹いておこうか。

僕は日本の森林を取り戻そうと思ってる。

皆さんもご存じのとおり、今、日本の森林はボロボロだ。外材に押されて国産材が売れないから間伐《かんばつ》もできない。

だから、荒れ放題だ。地元は困っている。「森の国日本」の危機だ。

そこで考えた。

間伐材からエキスを抽出する。そのエキスには、空気中の二酸化窒素を低減する効果がある。二酸化窒素は、呼吸器疾患やアレルギーを引き起こす原因となる物質だ。ということは、そのエキスを活用したエアケア商品を開発すれば、森林保護と国民の健康に貢献することができる。

一挙両得というわけだ。

だから、僕はこれを「クリアフォレスト事業」と名づけて推進している。

2012年には空気浄化剤「クリアフォレスト クルマ」を発売した。

「利益貢献」は薄いと社内では言われているが、森林や空気は孫、ひ孫の世代まで引き継がれる国民の共有財産だ。

こういうことをやるのは企業の心意気だ。

それに、かつて「水」がビジネスになると考える人はいなかった。

それが、今はどうだ？　エステーが「ドライペット」を売り出したとき、世間では「空気から湿気をとってどうする？」と言われたが、立派に除湿剤市場を生み出した。いずれ、「森のエキス」がビジネスになる時代が来ないと誰が言い切れるのか。

僕は、ここにイノベーションがあると信じている。

必ず、新しい市場をつくってみせる。

その他にも、アイデアはいくつもある。

ビジネスチャンスはいくらでも転がっている。

世の中暗いといっても、暗いときは暗いときなりにチャンスはある。

いや、暗いときのほうがチャンスはある。

チーフ・イノベーターの血が騒ぐってものだ。

最近、僕はこう嘯いている。

「ジョブズが亡くなってしまった。もう、この世に俺しかいない」

社員はあきれ顔だ。

妻は、「いつまでバカなこと言ってるの。もう老後が終わるわよ」と言う。

だけど、やりたいことは次から次へと湧いてくる。

この年になって、世の中のことがだんだんわかってきたから、死ぬに死ねないという気持ちだ。

だから、役員を相手にこう冗談を言うんだ。

「悪いけど、君、僕の代わりに死んでおいてくれないか」

鈴木　喬

鈴木喬（すずき・たかし）

1935年（昭和10年）、東京生まれ。小学生のころから家業を手伝う。1959年一橋大学商学部を卒業。父と兄がエステー化学工業㈱（現エステー）を設立していたが、日本生命に入社。年間契約高1兆円以上のトップセールスマンとして活躍した。1985年、エステーに出向。1998年に社長に就任する。バブル期に膨らんだ「負の遺産」を大リストラするとともに、新商品開発を年間1点に限定。失敗の許されない状況で、全社の反対を押し切って発売した「消臭ポット」を大ヒットさせる。その後、「消臭力」「脱臭炭」「米唐番」などヒットを連発。2005年3月期には創業以来最高の純利益18億円を達成、売上高も社長就任時から20％増やした。徹底したお客様志向の商品開発、CM等の企業コミュニケーションなど、イノベーティブな企業経営が注目を集めている。

本書は、2013年2月14日に小社より発行された
『社長は少しバカがいい。』を新装版化したものです

〔装丁〕奥定泰之　〔写真〕清家正信　〔DTP〕NOAH
〔編集協力〕小川剛　〔校正〕鷗来堂

ポケット・シリーズ

社長は少しバカがいい。
乱世を生き抜くリーダーの鉄則

2016年12月23日　第1版第1刷発行

著　者　鈴木 喬

発行者　玉越直人

発行所　WAVE出版
〒102-0074 東京都千代田区九段南4-7-15
TEL 03-3261-3713　FAX 03-3261-3823
振替 00100-7-366376
E-mail : info@wave-publishers.co.jp
http://www.wave-publishers.co.jp

印刷・製本　中央精版印刷

NDC335　191p 18cm ISBN978-4-86621-027-8